这些事，
现在明白还不晚

魏清素◎著

北京航空航天大学出版社
BEIHANG UNIVERSITY PRESS

图书在版编目（CIP）数据

这些事，现在明白还不晚/魏清素著 . -- 北京：
北京航空航天大学出版社，2012.4
　　ISBN 978-7-5124-0776-3

　　Ⅰ.①这… Ⅱ.①魏… Ⅲ.①人生哲学—通俗读物
Ⅳ.① B821-49

　　中国版本图书馆 CIP 数据核字（2012）第 063079 号

这些事，现在明白还不晚

魏清素　著

责任编辑　杨　青

*

北京航空航天大学出版社出版发行

北京市海淀区学院路 37 号（邮编 100191）　http://www.buaapress.com.cn
发行部电话：（010）82317024　传真：（010）82328026
读者信箱：bhpress@263.net　邮购电话：（010）82316936
涿州市新华印刷有限公司印装　各地书店经销

*

开本：700×960　1/16　印张：11.75　字数：169 千字
2012 年 4 月第 1 版　2012 年 4 月第 1 次印刷
ISBN 978-7-5124-0776-3　定价：26.00 元

前　言

生活中，总是充满着无尽的烦恼。佛祖释迦牟尼说：人生是苦的。为什么苦？是因为我们有欲望、有贪念，是因为我们放不下、看不开、想不透。佛祖也说，人生的苦是可以解脱的。如何解脱？就是开悟。我们这里所说的不是佛教意义上的开悟，而是看开、顿悟、释然。

可是，人生的路上，我们总是忙于汲汲营营地追求满足物质上的欲望，却忘记了生命的本质和生活真正的意义；我们常常忙着左顾右盼地评断别人，却忘记了应先审视自己、认识自己；我们往往把得失荣辱看得过重，却忘记了生命本来就是来去空空；我们每天为了身外之物忙碌，却不曾抽出时间来面对自己，不曾认真审视过那个藏在内心深处的真实的"我"，更不曾思考过人生的价值与意义究竟是什么；我们总是有太多的看不开、悟不透，于是本性会因外物而迷惑，进而丧失真我，在红尘中纷扰迭出。

生活中所有的迷茫、痛苦、纠结，其实并非生活给予我们的，而是我们自己的修为不够造成的。迷茫往往源于取舍，痛苦往往源于欲望，纠结往往源于比较。只有心无旁骛，淡看苦痛，淡泊名利，心态积极而平衡，有所求也有所不求，有所为更有所不为，才能做回真实的自己，活得坦坦荡荡、真真切切。要知道，幸福其实是一种心态，心明朗则一切明朗，心快乐则一切快乐，心幸福则一切幸福。就如佛语所云，尘世间的一切，皆由心起。心贪，人生则困难重重；心开，则到处繁花似锦。

这世上总会有看得开的人，也有看不开的人。看得开的人，能够看破事物的表象，优游物外，化解险境和忧烦；看不开的人，很容易被世间的烦恼困惑缠缚而难以自拔；看得开的人明白，人生本是一场空，人世间没有什么看不开的事，也没有什么放不下的物；看不开的人，经常陷入拿不起放不下的两难境地。对于同一件事，看开了，是天堂；看不开，就是地狱。为什么郑板桥的"难得糊涂"被人奉为一种人生境界？这里的"糊涂"其实是一种对世事了然于胸的透彻，一种释然。人太较真就会有烦恼，唯有留一半清醒一半醉，才能怀着平和的心态去体味人生的各种滋味。

本书所讲的就是让人们学会看开学会顿悟，教人们不断认知世界和感悟自身，从而获得不为物累的超脱，这样才能使我们的思想越来越清澈单纯，心境越来越安稳平和。这是一段漫长的旅程，在旅程的终点，我们可以获得一种智慧，这种智慧能够让我们了解到生命的真谛，使生命本身充满喜悦，达到圆满。无论何时，只要你开始做这件事了，就不会晚。

阅读本书的过程也是开悟的过程，安静下来的时候，不妨沏一壶茶，随意翻阅几页，从字里行间寻找心灵憩息的居所。化热恼为清凉，化烦恼为菩提资粮。怀一颗知足、放下、随缘、喜悦、慈悲之心，自在快乐的不二法门就在眼前。

最后，还要感谢马敏、郝军师，杨国生、温超、王红涛、周冰、王旭、沙京田、郝海平、张艳娇、白少芹、张彩娟、董亚伟等人，没有他们的帮助，就不会有这本书的顺利出版。

目 录

　　"同是一件事，看开了是天堂，看不开就是地狱。"生活是喜怒哀乐之事的总和。我们必须清楚，不顺心、不如意，是生命中不可避免的一部分。世间万事都有它的规律，都有它必然发生的理由，非人力可改变。我们唯一能做的就是：对生活抱一种达观的态度，凡事看开些。这样，才能拥有豁达快乐的人生。

　　对于外物的过多追求和执著，是人生一切痛苦和劳累的根源。有人对生命有太多的苛求，这也让自己生活在筋疲力尽之中，从未体味过幸福和欣慰的感觉，生命也因此局促匆忙，忧虑和恐惧时常伴随左右。倒不如学着放下，给生命一份从容，给自己一片坦然。无物亦无我，不拘外物，反而会另有收获。

第三章　舍得是一种境界

　　舍得是一种选择，更是一种睿智。明智的舍弃胜过盲目的执著。它驱散了乌云，它让你不盲从、不迷失、不狭隘。当你真正把握了舍与得的机理和尺度，便等于开启了幸福的大门，抓住了成功的机遇。要知道，人生万事，便都是一舍一得的重复。

第四章　给生活做减法

　　用减法生活，我们可以不去思考生活的得失，不去顾及别人的眼光，就做最真实的自己，按照自己的想法去行动，依从自己的心灵去感悟。我们可能不富有，却可以很充实；我们可能不显赫，却可以很自在。

第五章　我们的心如一个容器

我们的心如一个容器，容量的大小在于自己愿不愿意敞开。一念之差，心的格局便不一样，它可以豁达如宇宙，也可以狭隘如微尘。我们应该不断用宽容来充实内心，用豁达来滋润胸襟。如此，世间的一切苦恼仇恨便没有了容身之处，我们的人生也会豁然开朗。

第六章　变通的智慧

圣哲曰：变则通，通则久。当你用一种方法思考一个问题或从事一件事情，遇到思路被堵塞之时，不妨另用他法，换个角度去思考，换种方法去尝试，也许你就会茅塞顿开、豁然开朗，必要的时候学会绕道而行，迂回前进才是人生的大智慧。

第七章　地低成海，人低成王

敢于低头、适时认输是成大事者的一种人生态度，他们在后退一步中潜心修炼，从而获得比咄咄逼人者更多成功的机会。低头并不是自卑，认输也不是怯弱，当你明白了低头认输的智慧，当你从困惑中走出来时，你会发现，一次善意的低头，其实是一种难得的境界。

第八章　克己忍让，厚积薄发

　　宋代苏洵曾经说过："一忍可以制百辱，一静可以制百动"。忍耐是一种痛苦的磨炼，越王勾践的卧薪尝胆、孙膑被剜骨后的装疯卖傻，他们的忍耐是为了厚积薄发。忍耐也是一种修行，能克己忍让的人，是深刻而有力量的，是有雄才大略的表现。

第九章　淡泊以明志，宁静以致远

　　这个世界有太多的诱惑，因此有太多的欲望。一个人要以清醒的心智和从容的步履走过岁月，他的精神中必定不能缺少淡然。虽然我们渴望成功，渴望生命能在有生之年画过优美的轨迹，但我们真正需要的是一种平平淡淡的快乐生活，一份实实在在的成功。

第十章　最美的时光，就是今天

　　　　生活不会永远一帆风顺，正因为如此，我们的生活才有滋有味，绚丽多彩。在跌宕起伏中保持一颗平常心很重要，不以物喜，不以己悲，宠辱不惊，去留无意，在平淡中给自己一份力量，在喧闹中给自己一份宁静。

第一章
同是一件事

——看开了是天堂，看不开就是地狱

　　"同是一件事，看开了是天堂，看不开就是地狱。"生活是喜怒哀乐之事的总和。我们必须清楚，不顺心、不如意，是生命中不可避免的一部分。世间万事都有它的规律，都有它必然发生的理由，非人力可改变。我们唯一能做的就是：对生活抱一种达观的态度，凡事看开些。这样，才能拥有豁达快乐的人生。

做个手心向上的人

　　她一直认为自己是个不幸的人。很小的时候，父母离异，她成了单亲家庭的孩子；高考时，由于一分之差，她与理想中的大学失之交臂；长大后，她谈了两次恋爱，最后都以分手告终；好不容易找到一份不错的工作，刚做了几个月，公司就在金融风暴中遭遇重创决定裁员，而她也成了被裁的对象……她不明白，为什么倒霉的事总发生在自己身上。失去工作的那段时间，她沮丧到了极点，她甚至想：与其这样挣扎地生活，还不如一死了之。

自杀的念头一产生，就在她脑海里挥之不去了，但她还是放不下辛辛苦苦把自己养大的母亲，她决定用不多的积蓄带母亲旅游一次，也算尽自己的一点孝心。母亲一辈子没有出过远门，当她说要带母亲去看海时，母亲竟然高兴地留下了眼泪，说女儿这么孝顺，自己这辈子真是有福。她听了，心里很难过，觉得母亲这一生也够不幸的。

坐在旅游的大巴车上，邻座的一个女人同她攀谈起来，得知她是和母亲一起出来旅游时，不由羡慕道："你真幸福，有妈妈在身边陪着。我三岁的时候，父母都在一场车祸中去世了，我都不知道有妈妈陪着是什么滋味。"她说："我父母在我很小的时候也离婚了。""可是，不管怎样，他们都还健在，即使离婚了，他们也一样爱你。而我，想见父母一面都不可能了。"她不再作声，心里却盘旋着几个字"你真幸福、你真幸福……"转头看看满脸笑容的母亲，她突然觉得自己没有了自杀的勇气。

来到海边，吹着略带咸味的海风，大口呼吸着新鲜的空气，她觉得自己的心豁然开朗了。是啊，虽然父母离婚了，但他们并没有减少对自己的爱；虽然没有读到理想中的大学，但自己还是上了一所重点大学，而且还拿了四年的奖学金；恋爱失败是因为自己没有遇到对的人，这总比结婚以后才发现双方不合适好得多；至于工作，旧的不去新的不来，凭自己的能力，总不至于一直失业下去……想到这里，她发现自己几乎是世界上最幸福的人了。原来，只要换个角度，所有不幸的事情竟然都可以成为幸福的理由，而自己竟然一直觉得自己不幸，还差点因为这些事情而放弃生命，真是愚蠢极了。

她微笑着向不远处的母亲走去，抱着母亲撒娇，说了一句："妈妈，以后我们每年都出来旅游。"

世间的事就是如此，幸与不幸就在你怎么看。乐观的人，他的心里充满了快乐和阳光，看待任何事都是积极的，对于他来说，这个世界上没有什么不幸；而悲观的人，心里则满是愁苦与忧虑，任何事情在他眼里都是消极的，他看到的也都是不幸。其实，所谓幸与不幸都没有固定的含义，关键在于你怎么看，怎么想。幸与不幸就像我们手的两面，当你手心向上时，手背后一定有阴影。幸运就像向上的手心，不幸就像手背的阴影，只要把手反过来，就会看到另一面。如果你觉得自己不幸，可能是只看到了手背的阴影，不妨反转一下，手心向上，幸福与快乐就会出现在你的眼前。

很多人认为自己不够幸福，认为拥有的比别人少。其实，幸福从来就没有固定的标准，幸福也不是以拥有的多少来衡量的，**幸福是一种心态，是一种内在的感觉，只要你自己感觉幸福，就没有人能让你悲伤。**

看过这样的故事：一个年轻人，他英俊、富有、有才华，还有一个温柔美丽的妻子，很多人都羡慕他，可是他过的一点都不快乐。有一天，他遇到一个天使，天使问他为什么不快乐，他说他什么都有，只是缺少一样东西，就是幸福。天使说，我可以给你。然后就毁掉了年轻人的容貌，夺去了他的财产，让他变成了一个愚钝的人，妻子也离他而去。做完这一切，天使就走了。过了一段时间，天使回去看年轻人，发现他已经饿得半死，衣衫褴褛地躺在地上挣扎。于是，天使又把年轻人的一切还给了他，过了几天又去看他。这次，年轻人搂着妻子，不停地向天使道谢。他终于明白了什么是幸福。

其实，故事中的年轻人并没有比以前多拥有什么，他还是以前的他，只是因为换了一个角度思考问题，幸福就很容易得到了。

幸与不幸，全在于你怎么看。所以，在感觉自己不幸的时候，不妨换个角度思考问题，或许就会体会到更多的快乐。这是每个人都应该领悟的道理，也是每个人都应该具备的能力。**一个人必须学会在挫折中成长，在苦难中看到希望，只有这样，我们才能苦中作乐，不管遇到怎样的风霜，都能幸福地生活下去。**

较真是在和自己过不去

生活中，很多人都是"眼睛里容不下一粒沙子"，凡事就爱较个真，分个是非曲直。可**生活不是判断题，并非所有事情都能清楚地分出对错，讲出道理。**所以，做人还是糊涂点好，只要不是什么大不了的事，一笑过去就好了。如果你连鸡毛蒜皮的小事都要较真，那人生岂不是活得很累？所以，看开点，为人豁达点，这样不仅可以使别人愿意与你交往，自己也活得舒心，何乐而不为呢？

曾亲眼见过这样的事：炎热的夏天，小区的凉亭成了人们休闲纳凉的好去处。凉亭的中间有一张石桌，两个石凳，正好可以用来下棋。常有喜欢下棋的人在此对弈，四周围了一圈看棋的人，也算是小区的一景。

那天，两位六十多岁的老人在凉亭下棋，我们姑且称他们为张大爷和李大爷吧。李大爷棋艺不精，已经输了好几盘，旁边又有人围观，爱面子的他觉得脸上有点挂不住了。这其实不算什么，但要面子的人就是这样，总觉得别人都在注意他。这时候，张大爷也有点轻敌，不小心走错了一步棋，但他马上发觉了，就要悔棋。

李大爷不乐意了，他抓住张大爷的手："棋子已经落地了，你怎么还要悔棋呢？"

张大爷开始还赔着笑脸："哎呀，我走错了，根本没看清，就这一次，下不为例。"

"那不行，错了就认输呗，怎么还要重新走，你这人棋品怎么这么差？"李大爷不依不饶。

一听这话，张大爷不高兴了："我不过是走错了一步棋想改过来，我怎么就棋品差了？要我说，你棋艺差倒是真的，就算我走错两三步，照样赢你。"

这几句话可是戳到了李大爷的痛处，他的话也刻薄起来："你这个人，不仅棋品差，人品更差，你以为我稀罕跟你玩呢。你是天下第一，没人赢得了你，你自己玩吧。"说着，把棋盘推到了地上。

棋盘是张大爷拿来的，一看李大爷把棋盘推到了地上，他更是气不打一处来，站起来喊道："你凭什么把我的棋盘推到地上，你给我赔，你给我赔……"

两个老人越吵越厉害，要不是旁边有人拉着，几乎动起手来。

从那以后，凉亭里再也没有人下棋了。张大爷和李大爷也发誓老死不相往来。好几年过去了，俩人在小区里遇到，还是互相装作没看见，连招呼都不打。

这实在是一件再小不过的事，可是两个爱较真的老人偏偏让其恶化成了不可调和的矛盾。两个人在一个小区生活，低头不见抬头见，彼此之间却形同陌路，他们心里肯定都不会舒坦，说到底，较真是在和自己过不去。如果双方都能看开点，不过是悔一步棋而已，无关痛痒的小事，随他去好了，肯定不会闹到这样的地步。

人非圣贤，孰能无过。与人相处需要的不是"明察秋毫"，事事较真，而是互相谅解，彼此包容，只有这样，才会拥有更多朋友，营造融

洽的人际关系。否则，别人都会躲得你远远的，谁也不愿与斤斤计较的人交往。

美国著名的成功学大师戴尔·卡耐基是一位处理人际关系的"老手"，然而年轻时，他也曾犯过小错误。一天晚上，卡耐基和朋友应邀去参加宴会。宴席上，坐在卡耐基右边的一位先生讲了一个幽默故事，并引用了一句话，意思是"谋事在人，成事在天。"那位健谈的先生提到，他所引用的那句话出自《圣经》。然而，卡耐基发现他说错了，出于一种认真的态度，他很小心地纠正了对方的错误。但那位先生立刻反唇相讥："什么？出自莎士比亚？不可能！绝对不可能！"卡耐基的提醒让他一时下不来台，不禁有些恼怒。

当时，卡耐基的老朋友弗兰克就坐在他的身边。弗兰克研究莎士比亚的著作已有多年，于是卡耐基向他求证。弗兰克在桌下踢了卡耐基一脚，然后说："戴尔，你错了，这位先生是对的，这句话出自《圣经》。"

回家的路上，卡耐基对弗兰克说："弗兰克，你明明知道那句话出自莎士比亚。""是的，当然。"弗兰克回答，"在哈姆雷特第五幕第二场。可是亲爱的戴尔，我们是宴会上的客人，为什么要证明他错了？那样会使他喜欢你吗？他并没有征求你的意见，为什么不圆滑一些，保留他的脸面呢？"

人们常说："凡事不能不认真，凡事不能太认真。"一件事情是否该认真，这要视场合而定。钻研学问更要讲究认真，面对大是大非的问题要讲究认真。但是，在不忘大原则的同时，要适当地放过一些无关紧要的小错误，没有必要去纠正它；对于一些无伤大局的事，忽略它，不用太计较。如果不看对象，不分地点地较真，往往会在伤害了别人的同时，也使自己处于尴尬的境地，处处被动受阻。所以，**较真其实是在和自己过不去。如果能看开一点，理智地后退一步，淡然处之，生活就会多些快乐。**

郑板桥说"难得糊涂"，并不是要我们真糊涂，而是要有洞悉世情后的成熟与从容。**难得糊涂是一种很高的精神境界，是不计较不苛求，是淡泊名利、笑谈恩怨。**人生就应该少些多余的认真和计较，多些聪明的糊涂，多些理解和谅解，这样，我们定能收获更多。

开悟箴言

◆ "水至清则无鱼，人至察则无徒"。

◆ 严于律己，宽以待人，才能与他人好好相处。一味地苛求，会让所有人都对你避之不及。

◆《尚书·伊训》中有"与人不求备，检身若不及"的话，是说我们与人相处的时候，不要求全责备，如果衡量一下自己，可能还不如别人。

你所经历的每件事都是好的

有个国王，他非常倚重自己手下的一位大臣，这位大臣非常有智慧，他总是相信一个人所经历的事都是好的。他这种乐观的态度，为国王妥善地处理了许多犯难的大事，因而格外受到国王的宠爱与信任，凡事皆要咨询他的意见。

国王很喜欢打猎，可是，有一次在追捕猎物时不小心受伤，弄断了一根手指。国王在剧痛之余，立即召来智慧大臣，征询他对意外断指这件事的看法。

智慧大臣并没有像其他人一样惊慌，他轻松地告诉国三：没关系，这是好事。

国王闻言大怒，他觉得智慧大臣太不拿他当回事了，于是立即下令将智慧大臣关进监牢。

过了一段时间，国王的断指伤口痊愈了，他又外出打猎。不幸的是，这次他竟带队闯入邻国国境，被丛林中埋伏的野人活捉了。

依照野人的惯例，必须将活捉的这队人马的首领祭献给他们的神，于是他们抓了国王放到祭坛上。正当祭奠仪式开始时，主持的巫师突然惊呼起来。原来巫师发现国王的食指断了一截，而按他们部族的律例，祭献不完整的祭品给天神，是会遭到天神谴责的。野人连忙将国王解下祭坛，驱逐他离开，另外抓了一位同行的大臣祭献。

获释的国王狼狈地逃了回去，庆幸大难不死。这时，他忽然想到智慧大臣的话：断指是好事。的确，如果不是这根断指，今天自己就在劫难逃了。国王感觉很愧疚，于是将智慧大臣从牢里放了出来，并向他表示歉意。智慧大臣并没有责怪国王，而是笑着说：没关系，这是好事。

国王很不服气："你说我断指是好事，而你在监牢里受苦，这怎么又是好事呢？"

"当然是好事，"智慧大臣回答，"陛下不妨想一想，如果我不是在牢中，那陪陛下出猎的大臣会是谁呢？那被野人抓去祭献的又会是谁呢？"

国王断了一指却换来一条命，大臣被关进监狱也换来一条命。所以说，塞翁失马，焉知非福？我们一生中总是会经历这样那样的事情，但**请相信：你所经历的每件事都是好的。也许目前看来，这是一件无比糟糕的事，但不要悲观和抱怨，或许不久的将来，它就会变成好事。**

有个住在大山里的农民，日子过得非常穷困。一次意外的机会，他得到了一些苹果种子，便将这些种子种在了一片荒僻的山野上。经过几年精心的培育，种子终于长成了一棵棵苗壮的果树，结出了累累硕果。

他兴高采烈地爬到山顶去摘果实，谁知，到了山顶一看，那些红灿灿的苹果竟然都被外来的飞鸟和野兽吃了个精光，只剩下满地的果核。想到这几年的辛苦劳作和热切期望，他不禁伤心欲绝，大哭起来，他的致富梦也破灭了，之后的日子依然贫穷。

几年的时间过去了，一次，他偶然又经过那片山野，却发现山顶又出现了一大片茂盛的苹果树，树上结满了果实。这是谁种的呢？他脑子里充满了疑问，过了好一会儿，他恍然大悟：原来，这一大片苹果树都是自己种的。几年前，那些飞鸟和野兽把苹果吃完后，将果核都留了下来，在这几年的时间里，果核里的种子长成了现在这片茂盛的苹果林。现在，他再也不用为生计发愁了。

　　这个人肯定想不到，以前让他悲痛欲绝的事情，会在几年后带给他这么大的惊喜。所以，任何事情都有两面性，是好是坏，只在于你怎么想怎么看。

　　每个人的一生都会遭遇困境，无论面对什么，只有把眼光放长远，看得开想得通才能活得潇洒。要相信，如果上帝关上了你眼前的一扇门，他肯定在别处为你开了一扇窗。所以，如果你经历多么不好的事，无论感觉这件事会给自己带来多么严重的后果，都不要对生命绝望，更不要放弃希望。**这世间根本没有绝境，危机和灾难总会过去，而很多所谓的绝境，也不过是我们自己放弃了寻找出路造成的后果**。

　　没有谁能一帆风顺地过一辈子，也没有谁能拥有完美圆满的人生。生命总会存在这样那样缺憾，但**正因为缺憾的存在，才让未来有了无限的转机。而无限的转机，则会带给我们无限的惊喜，生命也会因此而更加精彩，这难道不是好事吗**？

开悟箴言

　　◆ 清楚地认识一切，便能理解一切。

　　◆ 凡事都有两面性，与其看不如意的方面，不如学会寻找乐趣，看它好的一面。

　　◆ 只要你愿意，你就会在生活中发现快乐——痛苦往往是不请自来，而快乐和幸福往往需要人们去发现，去寻找。

事情随时会有转机

　　人生不如意事十之八九，每个人都可能遇到倒霉的事，但我们要明白的是，不管陷入怎样的困境，地球都不会停止转动，谁都不会永远处于倒霉的位置，所以，我们总能找到理由忘掉绝望，乐观地面对生活。

　　就像同样面对半瓶水的两个人，悲观的人会难过地说："糟糕了，我们只剩半瓶水了。"而乐观的人却高兴地大叫："太棒了，我们还有半瓶水！"我们要做个乐观的人，在困境中看得开，保持豁达的心态才能摆脱痛苦的折磨，才能使问题得到更好的解决，尽早地摆脱倒霉的状态。

　　我曾经遇到过一位司机，他的话给了我很多启示。那天我从公司出来，到客户那去办事。那是个很难对付的客户，脾气暴躁，喜欢发号施令，而且喜欢背后打小报告。本来领导交给我和另外一个同事负责，但跟客户见过一次面之后，同事就休了病假，其实他是不愿和那个客户打交道。但是，事情还要有人去做，我只好一个人单枪匹马去应付。"真倒霉，怎么偏偏就挑了我去伺候那位上帝！"我一边嘟囔一边拦了辆出租车。

　　上了车，把要去的地方告诉司机以后，我就开始闭目养神。车里放着流行歌曲，司机还不停地跟着哼唱，很快乐的样子。我觉得心里很烦躁，就跟司机说："师傅，能把音乐关了吗？"语气很不好。司机随手把音乐关了，然后同我攀谈起来。

　　"心情不好啊？"他问。

　　"嗯。"我从鼻子里哼了一声。"感觉你心情倒是不错。"

　　"当然喽！为什么要心情不好呢？我最近悟出了一个道理：不管遇到什么，情绪暴躁和消沉都没用，因为事情随时都会发生转机。"接着，他便讲了一件自己的事。

"一天，我一早开车出去，想趁上班高峰多赚点钱。那天天气特别冷，都不敢把手伸出来。倒霉的是，我才开出去没多久，车胎就爆了一个。我快被气炸了！可是没办法，只能拿出工具来换轮胎。

我一个人换车胎很费劲，天气又冷，我一边忙活一边咒骂。就在这时候，一辆卡车停了下来。司机跳下车，二话不说就开始动手帮忙，这让我惊讶极了。在他的帮助下，轮胎很快换好了，我一再道谢，但是卡车司机却挥挥手，跳上车走了。"

"因为这件事，我整天心情都很好。看来事情总是有好有坏，人不会永远倒霉的。起初因为轮胎爆了我很生气，后来因为卡车司机帮忙心情就变好了，好运似乎也跟着来了。那天早上忙得不得了，客人一个接着一个，口袋里进的钱也多了。所以，'塞翁失马，焉知非福。'不要因为事情不如意就心烦，事情随时都会有转机的。"

说完，他又开始哼着不知名的歌，我没再作声，却一直想着他刚才说的那些话。后来，在与客户合作的过程中，我一直尽力做到最好。果然，事情发生了转机，那位挑剔的客户竟然在领导面前说我"很有想法，而且做事踏实"对我表示了欣赏。从那以后，领导也开始有意识地培养我，把一些比较重要的项目和客户交给我处理，当然，我的收入也在稳步提升。

在生活中，一旦遇到不顺心的事，很多人都会情绪低落，抱怨"为什么倒霉的总是我？为什么别的人生活得都很好，只有我在遭受痛苦？"其实，**上帝是公平的，并不是只有你在难过和痛苦，世界上不幸的人还有很多，但并不是所有人都在怨天尤人。**要知道，事情是会发展变化的，没有人会永远倒霉。关键是，在面对困难和挫折时，我们应该如何看待，是悲观的抱怨还是通过积极的努力去改变现状。**那些乐观面对生活，努力脱离困境的人，命运就会发生改变，霉运不会永远跟随着他。**而如果你垂头丧气，总是觉得自己倒霉，霉运就真的会永远跟着你。所以，一个人会不会永远处于倒霉的位置，就在于自己是否看得开。

遇到不如意的事情时，应该保持乐观的心态，相信世事随时会有转变，都可能否极泰来。这样，人生中的不如意才不会成为你的困扰，那些倒霉的事情也无法阻挡你前行的步伐。

开悟箴言

◆ "黯然神伤时，则所遇尽是祸；心情开朗时，则遍地都是宝。"

◆ 用抱怨来发泄心中的怒气，对你遇到的困难没有丝毫的帮助。这样做只会使自己的心情越来越糟糕，头脑越来越混乱，到头来，事情也会越来越糟。

◆ 当你遇到挫折，不用悲观，勇敢地面对，把它当成人生道路中的一堂必修课，并努力上好这堂课。

折磨是一种人生别样的赐予

似乎每个人的一生中都会遇到这样的人：他总是与你过不去，处处为难你，不停地否定你，挑剔你，在他面前，你会感觉不自在，你可能会怨恨他：为什么总是折磨我？为什么总是跟我过不去？可是，就在他的苛求中，你也在不知不觉地成长，变得更加优秀，如果不是他们，你可能会变得懒惰、懈怠，最终远离成功。如果我们把眼光放长远些，从整个人生的大格局来看，那些折磨你的人恰恰是成就你的人。

当蝴蝶还是幼虫的时候，住在一个出口很小的茧中。要想破茧而出，它必须通过那个小小的出口，这个过程需要它竭尽全力，很多幼虫就因此失去了生命，没有成为美丽的蝴蝶。有人觉得蝴蝶太可怜了，何不将那茧上的出口弄大一点，这样那些幼虫就不必遭受那样的折磨。于是他们用剪刀把茧上的出口剪大了一些，幼虫很容易就可以从茧中出来，但是它们却失去了飞翔的能力，只能拖着一双翅膀在地上笨拙地爬行。原来，那小小的出口就是帮助蝴蝶幼虫两翼成长的关键，只有经过了出口的挤压，两翼才能顺利充血，幼虫才能蜕变成为展翅飞翔的蝴蝶。人为地将茧上的出口剪大，蝴蝶的两翼失去了充血的机会，便永远无法飞翔。对蝴蝶来说，这是最悲哀的事情。

其实，**人与蝴蝶一样，也要经历破茧的过程，只有这样，才能增加生命的韧性和厚度**。所以，如果你遇到了折磨你的人或者折磨你的事，不必抱怨，不要退缩，这些都是你成长的机会，是你成功的必经之路。如果人生一片坦途，也许就会像那些得到"帮助"的蝴蝶一样，萎缩了双翼，无法展翅高飞。

记得我上中学的时候，有一位非常严厉的老师，几乎每次提问都会问到我，别的同学回答不上来的时候，他会很温和地说"坐下吧"，如果我回答不上来，他就会让我一直站在那里，直到下课。对于我的作业，一旦有错误，他必定让我改正以后拿到他办公室再看一遍。

那时候我们住校，晚上熄灯以后是不许同学之间聊天的，但十几岁的孩子正是活泼的时候，我们经常偷偷聊天。这不是什么严重的事情，很多同学都被老师抓到过，但多是说一句"快睡觉吧"就过去了。我也被抓到过一次，事情却没有那么简单。老师先是罚我写了一份检讨，然后又让我请家长来学校。当时我很不服气，觉得这位老师一定是与我有仇，才这样故意刁难我，折磨我。

后来长大了，我才明白，这种严厉其实是对我的偏爱。正是因为这种严厉，我的成绩才能越来越好，才能考上理想的大学。可以说，如果没有这位老师，我的命运可能就要改写，我会永远感激他。

在人生的旅途中，如果道路总是平坦，一帆风顺，你可能会感觉舒适而安逸，但同时也会失去历练的机会，你看到的风景也可能是平淡无奇的；如果你经历了一些坎坷，可能会感觉到痛苦和纠结，但这些会成为你人生中的宝贵财富，会成为你日后取得成功的重要资本。

罗曼·罗兰曾说："只有把抱怨别人和环境的心情化为上进的力量，才是成功的保证。"的确，只有感谢曾经折磨过自己的人或事，我们才会理解折磨背后的深意，才能以平和的心态去努力地工作与学习，从而有所作为。

开悟箴言

◆"经一番挫折，长一番见识；容一番横逆，增一番气度。"

◆折磨是人生的必修课，只有读过这所大学的人才会将成功和幸福追求到底，因为他们深知其中的滋味，所以他们内心最渴望摆脱这种感觉。

◆法国启蒙思想家伏尔泰说："人生布满了荆棘，我们知道的唯一办法是从那些荆棘上面迅速踏过。"

苦难是生命最好的补药

"天将降大任于斯人也，必先苦其心志，劳其筋骨，饿其体肤，空乏其身。……知道这句话的人都会明白这样的道理：一个人要想获得幸福，走向成功，就可能要忍受比别人更多的苦难。高尔基说"苦难是人生最好的大学"。**我们一生中经历的任何学习，都不如在苦难中学到的深刻、持久。**

佛家说：我们生在世上，本来就是要受苦的。吃苦是人生必经的过程，所谓"吃得苦中苦，方为人上人"，若想有所成就，就必须付出比别人更多的辛苦，只有经过风霜苦寒，才能知道温暖的可贵；只有深切认识到人生苦短，才会懂得精进勤学。所以，苦难就是生命中最好的一剂补药，唯有甘之如饴，才能苦尽甘来，品尝到成功的甜蜜。

世界级小提琴家帕格尼尼一生遭遇了很多苦难，但这并没妨碍他成为一个音乐界的巨人。4 岁时，帕格尼尼患上了麻疹和可怕的昏厥症，险些丧命；儿童时期，他患上了严重的肺炎；中年时他口腔疾病严重，口舌糜烂，满口疮痍，拔掉了所有牙齿，紧接着又染上了可怕的眼疾，走路都无法看清；50 岁后，相继发作的关节炎、肠道炎、喉结核等多种疾病吞噬着他的身体；后来，他完全失去了发音的能力，儿子只能通过口型来判断他的意思；57 岁那年，他走完了多灾多难的一生，离开了人世。

从 4 岁到 57 岁，帕格尼尼一直在与苦难为伍，但这并没有让他退缩，更没有将他压垮，反而让他在音乐方面取得了极高的成就，他是凭什么做到这些的？

在病痛的折磨下，帕格尼尼爱上了音乐。他闭门不出，疯狂地练琴，每天十多个小时。13 岁时，他开始带着一把琴周游，过着流浪者的生活。同时，他还坚持学习作曲与指挥，创作出了《随想曲》、《无穷动》、《女妖舞》和 6 部小提琴协奏曲及许多吉他演奏曲，这些都让他付出了艰辛的努力与汗水。15 岁时，他成功举办了一次音乐会。就是这次音乐会使他震惊了世界，一举成名，他的名声传遍英、法、德、意、奥、捷等国。

有多少人能如帕格尼尼一般，经历诸多苦难，而又有多少人能够取得这样辉煌的成就？对于帕格尼尼来说，也许正是因为这些苦难，才让他的人生更加精彩，充满了挑战的乐趣。也正是这些磨砺，才让他的意志开始变得坚强，内心变得勇敢，从而战胜了命运。

在弱者眼里，苦难是鞋里的细沙；在强者眼里，苦难是一颗华丽的珍珠。苦难让我们变得更加坚强，苦难让我们始终保持着清醒的头脑，苦难让我们知道自己拥有的一切都是来之不易的，它让我们学会了对生活的感恩，学会了对生活的珍惜……

法国哲学家和作家卢梭在成名前曾做过仆人。在一次宴会上，人们因为一幅画所表现的内容而争执不下，眼看场面越来越尴尬，主人就找来卢梭来解释这幅画。人们都不相信一个仆人能说出什么令人信服的话。但卢梭关于那幅画的解释是那样清晰明了，那样具有说服力，他的表现镇住了在场的所有人。

有人很尊敬地问卢梭："先生，您是从什么学校毕业的？"

"我在很多学校学习过，先生。但是，我学的时间最长、收益最大的学校是苦难。"这是卢梭给出的答案。当然，卢梭在苦难中付出的代价是值得的，虽然在当时他还是一个贫穷卑微的仆人，但不久之后，他就以超群的智慧震撼了整个欧洲。

人们往往只看到了成功者站在财富之巅时的风光，却不了解他们在风光背后付出了怎样的努力。**任何一种成功都不是唾手可得的，不能吃苦、不肯吃苦的人永远不会成功**。而那些被人们看成天才的人，往往会被赐予更多的苦难，这似乎成了一个不可更改的定律。因此，如果你正在承受苦难，不要抱怨不要气馁更不要放弃，要记住"吃苦就是吃补"的道理，把吃苦当做磨炼意志的磨刀石，在磨炼中积累经验和财富。请相信，上天为你安排这些苦难，是在帮助你获得更大的成就。只要坚持下去，你就会拥有更开阔的人生。

开悟箴言

◆苦是人生的增上缘，吃苦是成功必经的过程。

◆幸福中有苦难，生活就是享受与受苦、幸福与悲哀的混合体。

◆吃苦能够增强我们的免疫力，吃多少种苦，我们就会在多少艰难困苦的环境下免疫，并自动获得抵抗力。

每一种创伤，都是一种成熟的开始

人生的风景不是一成不变的，在途中定会有风，有雨。但是，我们应该明白：**每一种创伤，都预示着一种成熟的开始。只有这样的人生，才是最辉煌的；也只有这样的人生，才是最有意义的。就像路旁墙头夹缝里那一朵牵牛花，在那样恶劣的环境里生长起来，才能获得生存的希望，开满整个墙头的绿。**

在创伤面前，人们一般会有两种不同的表现：一种是不愿意面对创伤，一味逃避或者寻求依靠；另一种则是学会独自面对创伤，不再依赖任何人或事，这两种不同的表现就走出了两个不同的人：一个继续逃避，另一个在创伤中走向成熟。

古印度经常发生干旱或水灾，老百姓因此颗粒无收，过着忍饥挨饿的日子。有一位善良的婆罗门，每天清晨都到神庙里去祈求大梵天为人间免去灾难，使人们能过上衣食无忧的日子。

也许是他的虔诚感动了大梵天，一天清晨，大梵天终于来到了他的面前。他激动地叩拜在大梵天的脚下，请求大梵天不要再给大家灾难，并且要求大梵天给他一年的时间，在这一年的时间里，按照他说的去做。大梵天答应了，于是，在接下来的一年里，那里没有狂风暴雨，没有电闪雷鸣，没有任何对庄稼有危险的自然灾害发生。当婆罗门觉得该出太阳时，就会阳光普照；要是觉得该下点雨了，就会有雨滴落下来。想让雨停，雨就马上停止。在这么好的环境下，小麦的长势特别喜人。

转眼一年过去了，到了收割的季节，百姓们兴高采烈地来到麦田。可令大家惊讶的是，当人们割下麦子时，却发现麦穗里面空荡荡的，什么都没有。婆罗门惊慌极了，赶紧跑到庙里向大梵天祷告说："大梵天呀，这究竟是怎么一回事呀？"

这次，大梵天马上就出现了，他对婆罗门说："这是因为小麦都过得太舒服了，在这一年里，它们没有经受过任何打击，没有风吹雨打，也没受过烈日煎熬，你帮它们避免了一切可能伤害它们的事情。没错，它们长得又高又好，但是你也看见了，麦穗里什么都结不出来，我的孩子……"

听了大梵天的话，婆罗门无言以对。

没有经历过创伤的小麦无法结出成熟的果实，人类同样如此。事事顺利是不利于成长的，太舒服的生活会消磨我们的意志，让我们不思进取停滞不前。**要想品尝成功的喜悦，就要经受必要的磨炼，遭受一定要的创伤。在独自处理创伤的过程中，才能获得岁月带给我们的成熟魅力。**

很多人喜欢刘若英恬淡的气质和富有感情的歌声，但很少有人知道，成名前的她曾经在唱片公司做了三年的小助理。当时的工作很辛苦，生活也过得很艰难。有一天，刘若英半夜要回家，却发现身上连打车的钱都没有，只好拿着卡去取钱。第一次按五百元显示"余额不足"，第二次按一百元还是一样的命运，最后才发现自己卡上只有九十七元。有时候，她竟然连吃盒饭的钱都没有。可是她说："正是那些人生和事业的低谷，更让我懂得珍惜自己要面对的每一部戏和每一首歌，每一道伤痕都是我的一种骄傲。"

很多时候，我们会羡慕那些看上去过得很风光很成功的人，但是，只有了解他们的人才知道，那些人曾经经受过哪些创伤，遭遇过哪些困境，只是，他们没有被挫折压倒，而是从中得到了磨炼，变得越来越成熟，越来越强大。

所以，不管生活给了我们什么，我们都得勇敢地去面对，去努力超越自我。世上没有一成不变的事情，创伤和幸福、痛苦和快乐往往相伴相生，我们只有去面对和适应，生命才会呈现不一样的精彩。

当走过这一切，你就会发现：创伤的确造就了一个更成熟更有魅力的你，在以后的日子里，你就能游刃有余地穿梭于创伤的利剑中，自在观望生命中的各种风景。

压力就是成长的机会

有一个非常贫穷的男孩，为了减轻家里的负担，他到家附近的工厂去请求老板给他一份工作。可是，他年龄太小了，还做不了什么活。老板是个善良的人，他并没有拒绝男孩，而是想了想，说："院子里的这些桶要十几天才用一次，可是它们摆放的杂乱无章，非常碍事，你就负责这些桶的摆放吧。"男孩很高兴，他觉得这实在是一份简单的工作。

可是，工作了几天之后，男孩发现：不管他把这些桶摆放的多么整齐，只要一刮风，它们还是会东一只、西一只。这让他很为难，也很辛苦，每天都要反复摆放很多次。

"原来，管理这些桶也不是容易的事情，"男孩回家告诉妈妈，"我每天都要累死了。"

"孩子，你为什么不给那些桶都装满水呢？既然他们十几天才被使用一次，那你就十几天加一次水好了。"妈妈说道。

"对啊，这真是个很棒的办法。"男孩高兴地跳了起来。

第二天，男孩就用了一上午的时间把桶里都装满了水。果然，不管再怎样刮风，它们也不会被吹倒了。

这个道理，同样适用在人身上。俗话说"人无压力轻飘飘"，**一个人如果生活的过于轻松惬意，感受不到任何压力，就会浮躁、虚华、空耗时光，就像一个没有盛水的空桶**，一旦生活中发生一点变故，出现一点风雨，它们就很可能承受不住。所以，有压力并非坏事，有压力我们才能对自己有所要求，才能激发出自身的潜能。做人就要像一只装满水的桶，心怀大志、心头时常记挂着责任，唯有如此，才能在人生的道路上走得异常踏实和坚稳，他们能够承受生活中各种苦难的磨砺和风雨的打击。

"我认为你能做得更好。"这是前任老板经常对我说的话。他不知道，这句话给了我多大的压力。每完成一个项目之后，我不是如释重负，而是认真地再思考一遍，一旦有更好的想法就要全部推掉重做。我这样努力只为了换他一句"你已经做得非常好了"，可是，他似乎从来没有满意过。

每当一个项目通过了，即使客户给了不错的评价，他也只是微笑着说一句"我知道你下次会做得更好"，我分不清这是一种鼓励还是一种诅咒，只知道因为他这句话，我又要付出更多的辛劳。

三年后，我离开了那家公司，因为我实在承受不了那种巨大的压力了。我很羡慕朋友们描述的那种生活：不管什么项目，随便应付一下就可以交差。来到新公司的时间不长，老板就提升我做了部门经理，宣布这个任命之前，他对我说："能不能透露一下，你之前接受过什么培训？因为在我看来，你的专业能力可以和有着十多年工作经验的人媲美。如果不介意的话，我希望你能向公司的人介绍一下你的经验。"

到这个时候，我才领悟到：原来，上一任老板的那些"诅咒"竟然是一种最好的培训，也是最好的成长历练，如果我在之前的工作中也像朋友们说的那样得过且过、敷衍应付，我的能力不会提高的那么快，我的升职也不会来得这么快。

　　每个人骨子里都有惰性，适当的压力会让人将惰性转化为前进的动力。从这个角度看，有压力是好事，接受压力就是获取了成长的机会。但一个人所能承受的压力也是有限度的，压力过大会让人感觉透不过气。所以，如何与压力**相处也是一个非常关键的问题。当你感觉压力过大身心疲惫时，也要懂得适当地休息和放松。**你可以观察一下喜欢的植物、动物，思考一些自己感兴趣的问题或者站在窗口看看蓝天、白云，让思维从混乱无常的状态中解脱出来，让整个灵魂得到洗涤和慰藉，让头脑更加清晰，这样你就可以恢复精力，精神抖擞。

开悟箴言

◆环境越严苛，越能激发人的生存潜能。

◆压力的确给我们带来很多痛苦，但也正是因为有压力，我们才能品尝到生活中的喜怒哀乐、酸甜苦辣。

◆一个人的成长是需要适度压力的，也只有适度压力的存在，才可以使人不断进步，不断拥有成长的喜悦。

第二章
做人要像一只皮箱

——当提起时提起，当放下时放下

对于外物的过多追求和执著，是人生一切痛苦和劳累的根源。有人对生命有太多的苛求，这也让自己生活在筋疲力竭之中，从未体会过幸福和欣慰的滋味，生命也因此局促匆忙，忧虑和恐惧时常伴随左右。倒不如学着放下，给生命一份从容，给自己一些坦然。无物亦无我，不拘外物，反而会另有收获。

人的痛苦，源于追求错误的东西

人生在世，总是要有所追求的。有追求，生命才有存在的意义，我们才能体会到成功的喜悦。这样看来，追求是一件有意义的事，但是，**如果我们一味放纵自己的欲望，总是追求错误的东西，求而不得，就会陷入痛苦的深渊**。与过去相比，现代人的生活水平提高了很多，但人们并没有感觉到比过去快乐多少，反而是痛苦和空虚的人越来越多，其中很大一部分原因就是现代人的欲望越来越多，追求了太多错误的东西。追求无止境，痛苦也永远没有尽头。相比之下，把握好自己能够控制的事情，把它做好，不属于自己的东西，就及时放下不去强求，这才是明智的选择。

几个毕业多年的同学相约一起去看望大学时的老师。老师见了学生之后很高兴，大家坐在一起聊天，老师很随意地问："你们现在生活的怎么样啊？"谁知，这一句话就勾出了大家的满腹牢骚。当官的抱怨仕途不顺，做生意的抱怨商场不利，给别人打工的抱怨薪水太低……总之，大家都有诸多的不如意。而实际上，他们都有着一定的社会地位，是别人羡慕的群体。

听了大家的抱怨，老师笑而不语，并走到厨房拿出一堆杯子摆在了茶几上。这些杯子形态各异，有瓷器的，有玻璃的，有塑料的，有的杯子看起来豪华而高贵，有的则显得普通而简陋。老师说："你们都是我的学生，我就不跟你们客气了。谁要是渴了，就自己倒水喝吧。"

大家一番"控诉"，正觉得口干舌燥，于是纷纷拿起自己喜欢的杯子倒水喝。等大家手里都端了一杯水后，老师说话了，"你们注意到没有，你们手里的杯子都是比较好看、别致的那种，而那些普通的塑料杯却没有人选。"

众人低头看看自己手中的杯子，不明白老师为什么要这么说，再说了，谁不想用那些看起来比较好看的杯子呢？

老师继续说："你们刚才的话，我都听到了。**你们都觉得生活得很累很不开心，其实这都是因为大家追求了太多错误的东西。就像喝水，我们需要的是水，而不是杯子，但我们却会有意无意地去选择漂亮的杯子。**其实杯子的好坏，并不影响水的质量。生活中也是这样，如果生活是水，那么工作、金钱、地位这些就是杯子，它们只是我们盛起生活之水的工具。如果你总是将心思花在杯子上，哪里还有心情去品尝水的滋味呢？这不是自寻烦恼吗？"

听了老师的话，大家都若有所思。

人这一生最重要的是生活本身，财富、地位、名利都不过是生活的点缀，但我们往往忽略了生活本身，而对这些虚无的东西欲罢不能。到最后才发现，自己倾尽全力追求的是错误的东西，所以才会有那么多的痛苦和纠结。其实，只要能喝到甘甜的水，用什么样的杯子又有什么关系呢？

日本京都永平寺方丈北野年轻时喜欢云游四方。20岁那年，他在云游途中遇到一位嗜烟的行人，便学会了吸烟，但他后来认为：吸烟会侵扰禅定，应该立即停止。于是立即抛掉了那位行人给的烟管和烟草。

3年后，北野开始研究《易经》，学会了占卜，但他后来认识到这些也许会毁坏他的禅学课程，也果断放弃了。

到了28岁那年，北野又爱上了书法和汉诗。他每天都在钻研，每天都在进步，也获得了老师的赞赏。但后来北野想到：如果不及时停止，自己可能就会成为一位书法家或者诗人了，但自己真正的目的是做禅师，所以，他又放下了书法和汉诗。

后来，北野专心于禅学，终于成为了一代禅门大师。

北野之所以能够成为一代禅门大师，就是因为他足够清醒，知道哪些是自己应该追求的，哪些是应该及时停止的。**人生就是这样，你拼命追求的，不一定是正确的。你不去追求的，未必就是不对的。**明白自己真正想要的是什么，这是追求成功的重要条件。很多人的痛苦就是忘了自己最初想要的是什么，不知不觉地走到了错误的方向，得到了太多不需要的东西，这样就离自己最初的目标越来越远了。

在人生追求的过程中，我们要善于总结和反思，找到正确的方向和方法。这样，我们就不会按照错误的方向走下走，痛苦也会少一些。

开悟箴言

◆真正的幸福，是杯子里的水，而不是装水的杯子。

◆正确地进行思考是追求成功的重要条件。用正确的方式来追求自己的幸福，你的幸福就会长长久久。

◆在人生追求的过程中，我们要善于总结、反思、比较，找到正确的方向和方法。这样，我们就不会按照错误的方向走下去，痛苦也会少一些。

放下，就会自在

佛经里有个小故事，说的是小和尚和老和尚一起去化缘。走到河边，一个女子要过河，却不知河水深浅，不敢轻易下水，老和尚主动背起女子过了河，女子道谢后离开了。小和尚心里一直想着，师父怎么可以背那个女子过河呢？但他又不敢问，一直走了 20 里路，他实在憋不住了，就问师父："我们是出家人，你怎么能背那女子过河呢？"师父淡淡地说："我把她背过河就放下了，可你却背了她 20 里还没放下。"

老和尚的话意蕴深远，仔细想想，确实是这样，人生就像是一次长途旅行，不停地行走，沿途会看到各种各样的风景，历经许许多多的坎坷。**如果把走过去看过去的都背在身上，就会给自己增加太多额外的负担，阅历越丰富，压力就越大，还不如一路走来一路放下，永远保持轻装上阵的状态。**即使是那些曾经让我们难过的、痛苦的事情，也不妨让它们消失在回忆中，不必耿耿于怀。懂得放下的人，才能活得轻松快乐。

石油大亨洛克菲勒出身贫寒，经过自己的奋斗，他成了富甲一方的人。可是，金钱让他变得贪婪冷酷，很多人对他恨之入骨，连他的兄弟也对他的行径不齿，而将儿子的坟墓从洛克菲勒家庭的墓园中迁出，并说："在洛克菲勒支配的土地内，我的儿子无法安眠！"洛克菲勒的前半生就是在众叛亲离中度过的。

到了 53 岁时，洛克菲勒疾病缠身，医生们告诉他必须在金钱、烦恼、生命三者中选择一项。这时他才领悟到，是贪婪的恶魔控制了自己的身心。于是，他听从了医生的劝告，退休回家，开始过一种与世无争的平淡生活，并将自己的巨额财产捐给社会。他一生至少赚进了 10 亿美元，捐出的就有 7.5 亿元。这让他得到了金钱买不到的健康和快乐，以及别人的尊敬和爱戴。

财富固然重要，但它并不能保证你过上快乐的生活。如果一个人被金钱和物欲蒙住了双眼，心灵便会背上沉重的包袱，这样便领略不到人生的快乐和幸福。

佛说"放下，就会自在"，人生中之所以有那么多的烦恼、怨恨、情仇，归根结底就是学不会放下。于是，人们负累前行，使原本可以轻松的步履变得沉重，在生活的重压之下辛苦奔波。其实，只要懂得放下身上的包袱，我们就可以活得自在洒脱。

佛家有言："人生有三毒：贪、嗔、痴。"所谓贪就是贪念、贪欲，是欲望过多，不懂节制；嗔是指怨恨，经常生气、爱较真；痴则是迷恋，对事情或者想法的过分迷恋。人生的很多不如意都是因为这三毒，过多的欲望让自己活得太累，经常抱怨会给自己的心灵蒙尘，而对某些事物过分的迷恋则会让人变得不够清醒。

很多时候，你追求的越多，失去的反而越多，一个人不可能得到所有想要的东西，与其背负重担疲于奔命，何不选择放下，轻松启程，享受路上悦目的风景，体会平静祥和的人生。

听过这样的故事：有个人做生意赚了很多钱，一下子成了富翁，可是他一点都不快乐，他每天总在想：我有这么多钱，如果被小偷偷走了怎么办？或者有人来借，我要不要借给他呢？后来，忧心忡忡的他就背着这些钱财到处去寻找快乐，走了很久也没有收获，他便坐在路边唉声叹气。这时，一个砍柴人正好经过，他便把担子放下，一边擦汗一边愉快地与他打招呼。富翁问砍柴人："你知道快乐在哪里吗？我找了好久都没有找到。""知道啊，我放下了砍柴的担子，就很快乐。"听了砍柴人的回答，富翁恍然大悟，原来自己不快乐是因为一直背着那些钱财，担惊受怕，从来没有放下过，这怎么可能快乐呢？回到家乡后，富翁不再紧抓着自己的钱财不放，是拿出来接济穷人，做了很多善事，而他的生意也因为他良好的声誉更加红火起来，从此，富翁也找到了快乐的方法。

放下就会快乐。原来，只要你适时放下，快乐就会来到你身边，但有多少人肯放下呢？**只有真正放下的人，才能步履轻盈，在人生的**

道路上走得更快，行得更远。所以，放下不是放弃，而是为了更好地拥有。

世间没有什么事是放不下的

女孩失恋了，她非常痛苦，天天以泪洗面，她想尽了办法来挽回男友的心，但最终还是失败。她觉得，失去了他，整个世界都失去了色彩，自己也失去了生活的意义，她几乎想要自杀。

一天，女孩最好的朋友来看望她，见面时吃了一惊：一个月不到的时间，女孩已经憔悴得不成样子，脸上没有了往常的笑容，眸子里也失去了往日的神采，整个人像是枯萎了的花朵。朋友心疼地说："你这是怎么了？不过是一个男人而已，他都离开你了，你何苦还要为他作践自己？"

"我也不想这样，"女孩哭着说，"可我就是放不下他，以前他对我那么好，每天都会陪着我，晚上睡觉前会给我打电话说晚安，早晨醒来会跟我说早上好。每到节日的时候，他都会花很多心思给我准备礼物。

我待在屋子里，看到每样东西都会想到他，这个情侣水杯是去年情人节的礼物，那对小熊他在是我生日的时候送给我的，窗台那盆花是我们一起到花卉市场买的，他说要我像养育我们的孩子一样养育它……”说到这里，女孩已经泣不成声。

“我也失恋过，我明白你现在的感受。”朋友轻轻地把手放在她肩上，“刚开始的时候，我跟你的样子差不多，觉得自己几乎活不下去了，可是你看，我现在不是过得很好吗？感情是讲缘分的，既然得不到，何不放下呢？苦苦纠缠没有任何好处。”

“可是，我不知道该怎么做。”女孩抽泣着。

“很简单，首先，把所有与他相关的东西统统收起来，扔掉也好，放在一个角落也好，总之，不要一睁眼就看到。然后，走出这间屋子，或者约朋友逛街吃饭，或者找个地方旅游几天，别让自己太闲；接下来，把他所有的联系方式从你的手机、电脑里彻底删除，不要再给他打电话、发信息或者网上留言，学着慢慢忘记他；最后，你要勇敢点，别怕对别人说‘我失恋了’，如果有别人为你介绍其他的对象，千万不要拒绝，多接触一些人，你就会发现，他并不是不可替代的。”

女孩按照朋友说地去做，很快就从那段失败的恋情中走了出来。果然，只要自己果断转身，这世间就没有什么事情是放不下的。

当爱情已经走到了“灰飞烟灭”的尽头，无论你如何费尽心力去维持它，也都于事无补。爱是一种自然的感觉，爱淡了、散了，就随它去吧，何必死缠烂打、寻死觅活呢？**你不过失去一个不爱你的人，他却失去一个真爱他的人，这是他的损失，你不必为了别人的损失而放下尊严委曲求全。**

很多人在刚失恋的时候都会觉得，失去了自己根本活不下去，所以他们固执地守着以前的回忆，陷在曾经的甜蜜里不肯出来。还有些人费尽心思地死缠烂打，想挽回对方的心，谁知这样做的结果只是适得其反，只能让对方更反感。其实，他们留恋的或许不是那段感情本身，而是一种习惯，习惯了和对方在一起，习惯了每天和这个人吃饭、聊天，习惯了彼此间的称呼，**一旦恋情终止，就像要戒掉某种习惯，种种的不适应都会显露出来，但只要你下定决心，改变这种习惯不过是早晚的事情。**

有人说，失恋不过是一场感冒，不必治疗，只需等待一个周期就会自然痊愈。也有人说过，不管你认为那段感情怎样刻骨铭心，不管你曾经因为失去那个人怎样的痛彻心扉，随着时光的流逝，那些感觉都会慢慢变淡，直到你再也不会为之伤心，再也想不起。所以，**如果你失恋了，如果你注定得不到那段感情，就不如决绝地放手，果断地转身，潇洒地离开。这样，即使你失去了爱情，也不会失去尊严。**

开悟箴言

◆生活给我们的余地不会那么小，别往回看，后面其实什么都没有。

◆你以为不可失去的人，原来并非不可。你流干了眼泪，自有另一个人逗你欢笑。

◆当你握紧双手，里面什么也没有，当你打开双手，世界就在你手中。很多时候，我们紧紧握住双手以为把想要的抓住了，其实，手心里握住的不过是更深的伤害。倒不如放开手去，让那些伤害随风飘散，双手，还可以接到温暖的阳光。

放弃，才能更好地获得

日本著名的禅师南隐说过，**不能学会放弃的人，将永远背负沉重的负担。**生活中有舍才有得，如果我们什么都不愿放弃，结果就可能什

么也得不到。

艾德十一岁那年，一有机会便去湖心岛钓鱼。在鲈鱼钓猎开禁前的一天傍晚，他和妈妈早早又来钓鱼。挂好诱饵后，他将鱼线一次次甩向湖心，落日余晖下的湖面泛起一圈圈的涟漪。

忽然，钓竿的那一头倍感沉重起来。他知道一定有大家伙上钩，就急忙收起鱼线。终于，孩子小心翼翼地把一条竭力挣扎的鱼拉出水面。好大的鱼啊！它是一条鲈鱼。

月光下，鱼鳃一吐一纳地翕动着。妈妈打亮小电筒看看表，已是晚上十点——但距允许钓猎鲈鱼的时间还差两个小时。

"你得把它放回去，儿子。"母亲说。

"妈妈！"孩子哭了。

"还会有别的鱼的。"母亲安慰他。

"再没有这么大的鱼了。"孩子伤感不已。

他环视了四周，已看不到一个鱼艇或钓鱼的人，但他从母亲坚定的表情中知道，他必须服从，暗夜中，那条鲈鱼抖动笨大的身躯慢慢游向湖水深处，渐渐消失了。

这是很多年前的事了，后来艾德成为纽约著名的建筑师。他确实没再钓到那么大的鱼，但他却终生感谢母亲。因为他通过自己的诚实与勤奋，猎取到了生活中的大鱼——事业上的节节攀升。

中国有句老话：有所不为才能有所为。只有去除那些对你来说是负担的东西你才能更好地把握自己的生活。

见到房东正在挖屋前的草地，房客有点不相信自己的眼睛："这些草你要挖掉吗？它们是那么漂亮，而你也曾经为它们花了那么多的心血！""是的，问题就在这里。"他说，"每年春天我要为它们施肥，夏天又要浇水、剪割，秋天要再播种。这草地一年要花去我几百个小时，但谁会用得着呢？"

现在，房东在原先的草地种上了一棵棵柿子树，秋天的时候，柿子树上会挂满一只只红彤彤的小灯笼，可爱极了。柿子树不需要过多的精力来管理，房东就可以腾出些时间做他乐意干的事情。

选择总在放弃之后。明智之人在做出一项选择之前总会先把要放弃的甄别出来，并果断地将之放弃。例如，当你决定要健康的时候，你就要放弃巧克力糖，放弃肥腻的食物……当你要享受更轻松的生活时，你就要少加班，等等。

你必须问自己："为了能够更有效、更简单的生活，我必须放弃什么？"当你能够以这样的思维模式来思考的时候你就会让自己过上一种轻松、简单、健康的生活。

开悟箴言

◆不学会放弃，就不会拥有的更多。

◆放弃是获得的前提，只有懂得放弃的人，才能收获成功。

◆人生最大的智慧就是懂得放弃，我们都有难以割舍的东西，放弃了，也许就是一种胜利，一种收获。

放下自己，放过自己

很多人活得累，是因为放不下自己，放不下身段，放不下面子，总认为自己很重要，什么事都要管都要参与，这样怎么能活得轻松呢？其实，地球离了谁都照样转，你并不像自己想的那么重要，所谓的身段、面子可能只是你自己的想象。如果能够放下，随心顺意地生活，生活自然就会快乐很多。

我有一位朋友，因为工作变动，调到了一个全新的部门。他觉得这次工作调动其实是"明升暗降"，名义上职位是升高了，但权限比之前小了。他觉得很别扭，也担心别人会有什么想法。虽然这是正常的工作调动，他也很清楚自己并没有做什么逾矩的事，但还是怕别人议论，所以经常待在家里不露面。

有一天，他在街上遇到一个熟人，对方说："听说你不在原来的部门了，调到哪儿去了？"他说："调到××处了。""那可是高升了呢，恭喜恭喜啊。"熟人笑着说。他觉得有点不自在："没什么好恭喜的，跟以前一样，呵呵，有时间到家里玩啊。"对方走后，他越回味越觉得那人话里有嘲讽的意思，心里很不舒服。

过了一段时间，他出去办事碰巧又遇见了那人，对方又问："听说你不在原来的部门了，调到哪去了？"他有点不高兴了，心想：这人怎么这样，前不久才跟他说了，怎么又问。但他还是淡淡地说："调到××部了。"对方一听一下子恍然大悟："对了对了，你之前跟我说过的，对不起对不起，我给忘了。"听了熟人的话，他觉得心里突然亮堂了。原来，自己整天担心的事情别人并没有在意，是自己多想了。

其实，所有的烦恼，只是自己杯弓蛇影的自恋和自虐，所有的担心和疑惑，全是自己的原因。在别人的心中，你并没有那么重要。

生活中常常碰到的许多事，比如说了不得体的话，被他人误会了，遇到了尴尬的事等，都大可不必耿耿于怀，更不必揪住所有人做解释，**因为事情一旦过去，没有人还有耐心去理会曾经的一句闲话，一个小的过失和疏忽。不用太当回事，放下自己，也是放过了自己。**否则，每天因为一点小事反复思量，人生哪还有轻松的时候。

人生中有那么多事，每个人自己的事都处理不完，谁还会去关心与自己不太相关的事情？只要你不对别人造成伤害，只要不是损害了别人的利益，没有人会对你的失误或尴尬太在意的。也许第二天太阳升起的时候，别人什么事都没有了，只有你还不能释怀。

有位企业家到医院体检时被医生告知身体状况很不好，需要多休息，企业家很无奈地说："我就知道自己身体好不了，我每天忙得跟陀螺一样，就算下班了，也要不停地接电话处理事情，哪有休息的时间啊。"

"下班之后还有那么多事情吗？"医生很惊讶。

"是啊，他们什么事都要问我，必须由我来决定。"企业家显得很不耐烦。

"难道没有人可以帮你的忙吗？助手呢？"医生问。

"不行呀！只有我才能正确地决策呀！而且我还必须尽快处理，否则公司就会出问题。"企业家回答道。

"我建议你每天抽出两个小时来散步，另外，有时间的话可以到墓地转转。"医生说道。

"为什么要去墓地？"企业家不解地问。

"因为我想让你去看看那些与世长辞的人的墓碑，他们生前都跟你一样，认为自己很重要，所有事情都扛在肩上。现在他们去世了，总有一天你也会加入他们的行列，但是不管你在与不在，地球还是照样转动，所有的事情还是会照常进行下去。我说这些，只是希望你能明白一个道理：你并没有自己想象中那么重要，很多事情你不参与不会有任何影响，不如放下自己也放过自己，活得轻松惬意一些。"医生说得很诚恳。

回去之后，企业家认真思考了医生的话。他认为医生是对的，于是他下定决心减少了一部分工作，放慢了生活节奏，他每天按时上下班，回到家就完全放松。现在，他身体健康，生活质量比之前提高了很多。

生活本来很简单，很多辛苦都是自找的，很多人都过于在意别人的眼光、意见，总想做别人眼中的成功人士，所以时刻约束自己，要端着身价做人，要事必躬亲，他们放不下的东西太多，这样怎么能不累？其实，放下自己就是放过了自己，这样我们就可以做一个轻松惬意的潇洒之人，做自己想做的事，用自己喜欢的方式生活，如此而已。

抱怨的心灵没有一刻解脱

很多人总是生活在抱怨之中，认为自己是这个世界上最不幸的人，股票跌了，工作没了，女朋友跑了……倒霉事一桩接一桩，祸不单行。但仔细想想，你真的是最不幸的那一个吗？股票赔钱可以再赚，工作没了可以再找，女朋友跑了肯定会有更好的在等着你，如果你知道还有人连追求这一切的资格都没有，他们只能每天风餐露宿，靠着微薄的收入维持最基本的生活，他们连养活自己都很困难，更无法享受到家庭的欢乐，与他们相比，你是如此富有，你的生活或许正是他们梦寐以求的。就像那个广为人知的故事，一个人总是抱怨自己没有漂亮的鞋子穿，直到遇到一个没有脚的人，他才知道自己多么幸运。

其实，**我们不必靠别人的衬托才能体会到自己的幸福，即使在最不幸的时候，也应该保持豁达的心态，放眼望去，路上的风景并没有你想象中的那么差，只是眼前的障碍遮挡了你的视线。**

某公司在金融危机中受到重创，决定裁员，并提前公布了裁员名单，名单上的人员一个月后必须离岗。很不幸，张娜和刘娟都在那张裁员名单中，她们都很难过，不同的是，张娜自从得知了这个消息，就在不停地抱怨，她见人就诉冤："凭什么把我裁掉？我干得好好的……这对我太不公平了。"有时说着还会流几滴眼泪，别人对她虽然同情，但也不知道该怎样安慰，便只能随声附和地敷衍几句。至于工作，张娜也完全放松了，用她的话说："反正我是要被裁掉的了，再怎么努力也没用。"由于她的不负责任，工作总是出差错，很多同事也开始对她不满。这样，一个月的时间一到，公司马上就让她走人了。

刘娟在知道自己将被裁掉的消息后，虽然也哭了一晚上，但第二天就像没事一样照常上班工作。她说："我对这个公司是有感情的，虽然公司暂时遇到困难要裁掉我，但只要工作一天，我就要干好一天。"由于公司已经不再给她安排新的任务，她手里的工作很有限，但一有时间，她就会去帮别的同事做事。面对大家同情的目光，她反而笑着说："没关系，反正都这样了，就让我为大家做点事吧，以后想做恐怕都没机会了。"一个月的时间到了，刘娟准备好了跟大家告别，但让她惊讶的是：公司通知她可以继续留下来工作。老板说："刘娟的工作态度和工作能力大家有目共睹，像她这样的员工，公司永远不会嫌多。"

无论面临怎样的困境，都不要抱怨，因为抱怨不但不会减轻你的痛苦，对事情的解决也无济于事。抱怨除了使自己对待他人的态度变得恶劣以外，还会令自己一事无成。而且在怨天尤人的情绪口，只会把事情搞得越来越糟，让解决问题的机会再次错过。所以，**不管处于怎样的境况中，我们都要保持乐观的心态，坚强地奋斗下去，任何困难都不能阻碍一个人的成长，不能剥夺一个人追求幸福的权利。**

威廉·詹姆斯说："我们所谓的灾难很大程度上归结于人们对现象采取的态度，受害者的内在态度只要从抱怨转为奋斗，坏事就往往会变成令人鼓舞的好事。"生活是辛、酸、苦、辣、甜五味杂陈的，甜美的日子固然让人高兴，但如果生活中只有甜，那甜就不是甜了。所以，**不管你是否愿意，都要尝遍生活中的各种滋味，辛酸苦辣的味道固然不佳，**

却能让你意志更加坚定，思想更加成熟。如果不经历这些，你的人生就**不完整**。

所以，如果生活为你设置了一些磨难，无须抱怨。即使做不到不抱怨，也应该尽量少一些抱怨，多一些积极的态度。抱怨就像搬起石头砸自己的脚，于人无益，于己不利，于事无补。如果**抱怨成习惯，心灵就像上了枷锁，没有一刻解脱**。唯有放下抱怨，才能体会到生命的自在与幸福。

开悟箴言

◆ 幸福，不是收获的多，而是抱怨的少。

◆ 抱怨犹如罂粟，可以让我们释放暂时的压抑，却侵蚀了幸福的生活。

◆ 于人不苛求，遇事不抱怨。只有善于驾驭自己情绪和心态的人，才能获得平静，感受到幸福的味道。

猜疑心最终刺伤的是自己

在社会上生存，要想获得别人的信任，我们首先要收起猜疑的心，学会信任别人。否则，**猜疑的心理就会像一团迷雾，让你看不清事情的真相，更不能心无芥蒂的与人交往**。

有一个寓言，说的是"疑人偷斧"的故事：有个农夫丢了一把斧头，怀疑是邻居的小孩偷的。于是，他就暗中观察那小孩的一举一动怎么看，都觉得他像偷斧头的人。但没想到几天之后，他竟然在后山找到了斧头，原来是自己给弄丢了。此后，他再去观察隔壁的小孩，怎么看也不像是偷斧头的人了。

故事中的农夫从开始给就自己下了一个结论，然后就走进了猜疑的死胡同。由此看来，猜疑总是从某一假想目标开始，最后又回到假想目标。就像一个圆圈一样，越画越粗，越画越圆。现实生活中猜疑心理的产生和发展，几乎都和这种作茧自缚的封闭思维主宰了正常思维密切相关。

有位朋友曾跟我说起过他的一个同事，那人非常多疑，即使别人一句无心的玩笑，他也会琢磨半天。刚到公司的时候，他非常谨慎，工作中十分注意自己的言谈举止，唯恐稍不留意就影响到领导和同事对自己的看法。这本来也没什么错，但他几乎谨慎到了神经质的地步。一次，他很好地完成了一个比较有难度的项目，他很开心，情不自禁地说了句："真棒！"邻桌的同事抬头瞄了他一眼，他马上紧张起来，心想：糟糕，同事肯定觉得我太得意忘形了。过了几天，他听到部门主管在跟经理谈话时，谈到"新员工这几个字"，而且表情严肃，他就更担心了，觉得主管一定在经理说他的坏话。

过分的猜疑让他整天都身心疲惫，只要别人多看他一眼或者几个人凑在一起聊一会儿天，他就会觉得别人是在针对他。到公司工作很久了，他还是无法跟同事打成一片，他觉得大家都在排挤他。但在别人看来，他内向，孤僻，不爱与人沟通，不善表达，别人根本无法了解他。最后，他只好辞职了。

爱猜疑的人对别人的一言一行都会特别注意，所谓"疑心生暗鬼"，在猜疑心的作用下，别人无意中的言行都会被罩上可疑的色彩。**但一个人如果疑心较重，心胸过于狭窄，对同事、朋友乃至家人无端猜疑，不但会影响工作、影响人际关系、影响家庭和睦，还会影响自己的心理健康。**

在猜疑心态的支配下，他们总是处处小心防范别人，戒备心非常强，有时甚至口是心非。人家一扬眉，他就说别人看不起他；人家一撇嘴，他就说人家讨厌他；人家说的话本没有什么敌意，经他一描绘就矛盾突出，人家在说自己的悄悄话，他便怀疑在说他的坏话。总之，对别人的一举一动都耿耿于怀，觉得别人的一言一行都是对自己的侵犯。

猜疑心强的人，神经常常处于一种人为的高度紧张的状态，他们的疑心往往明显地缺乏事实根据，只是凭自己的想象，凭个人的好恶来理解周围的一切，于是，捕风捉影有之，吹毛求疵有之，无中生有有之，把人际交往的正常状况都扭曲了，都当成"敌情"来处置了。

这种猜疑心最终刺伤的还是自己，陷入猜疑心理误区的人是活得很累的。他既要对付那些夸大了的"敌意"，又要抚慰自己内心由此产生的痛苦，这对身心的折磨很大。 如果这种疑神疑鬼发生在朋友之间，会破坏纯真的友谊；发生在恋人之间，会妨碍感情的发展；发生在夫妇之间，会引发家庭矛盾；发生在同事之间，会影响工作效率。总之，你的心灵一旦被猜疑占满，生活中就会遍布陷阱，让你深陷其中而无法安身立命。要想获得自在和快乐，就要改掉多疑的心理，敞开心扉，坦诚地与人交往。

开悟箴言

◆ "猜疑之心犹如蝙蝠，它总是在黑暗中起飞。"

◆ 外国有句谚语"疑来爱则去"，只有不猜疑的人，才能得到真正的洒脱和幸福。

◆ 猜疑之心是洪水猛兽，它可以令人迷惑，乱人心智，甚至有时使你辨不清敌与友的面孔，混淆了是与非的界线，使你的家庭和事业遭受损害。

每个人都是一个不完整的圆

　　每个人的一生都是走在追求完美的路上，小时候，我们努力做个好学生，德智体美全面发展；长大后，我们努力做个好员工，事事抢在别人前面；结婚后，我们希望自己成为好爸爸好妈妈，给孩子最多最好的爱；老了以后，我们盼望身体健康、子孙孝顺、万事如意……可是，**这个世界上根本没有完美的事情，任何人的生命中都会留下或多或少的缺憾，我们根本没必要把自己折腾的这么累，凡事尽力而为即可。对于无法改变的事情，就要彻底地放下，坦然地接受。**

　　因为小时候的一次意外，男孩左手的食指断了一截，这让他非常自卑。每次跟别人在一起时，他总是小心翼翼地把食指握在手里，他是不想让别人因此而嘲笑他。

　　慢慢地，他长大了，交了一个很漂亮的女朋友，他们非常相爱。有一天，他决定向女朋友求婚，这时他想：该不该把自己食指受伤的事告诉她呢？如果她知道了这件事会不会介意呢？可是他又不忍心欺骗女朋友，何况她早晚会知道的。

　　最后，他还是说了："亲爱的，我想告诉你一件事，希望你能原谅我。"

　　"什么事？"女朋友很惊讶。

　　"其实，我的食指不是完整的，你看看。"男孩把手指伸开让女朋友看，"我知道我应该早就告诉你的，可是，我怕你知道了会……我非常非常爱你，我不想失去你……"

　　"你不用再说了，"女孩很温柔地打断了他，"我们交往了这么久，我早就发现了，但是，我觉得这并不是什么大不了的事，不是吗？我并不在意，它虽然算是一种缺憾，但并不会让我减少对你的爱，更不会对我们的生活产生影响，既然它存在，那我们就坦然接受好了。你说呢，亲爱的？"

"谢谢你，亲爱的。"男孩热泪盈眶，把女朋友紧紧抱在了怀里。

是啊，缺憾也是我们人生中必不可少的存在，既然我们无法改变，那就坦然接受吧！这个世界上不是所有事情能都让人满意，也没有任何一件事是十全十美的，它们或多或少皆有瑕疵。只有放下对完美的苛求，接受不完美的事实，我们才能放平心态，活得更加快乐！

曾读过谢尔·西尔弗斯坦著的一本小书《丢失的那块儿》。故事讲的是一个被切掉了一块的圆环，它想让自己变得完整起来，于是四处寻找丢失的那块儿。可是由于它不完整，所以滚得很慢。它欣赏路边的花儿，它与虫儿聊天，它享受阳光。它发现了许多不同的小块儿，可没有一块适合它，只好继续寻找。

终于有一天，圆环找到了丢失的那一块，它高兴极了，将那小块装在身上，然后滚了起来。它终于成为完美的圆环了，它能够滚得很快，以致无暇注意花儿，也没时间和虫儿聊天，更来不及享受阳光。它发现，飞快地滚动时眼中的世界和以前不一样了，而它更喜欢的是以前的风景。于是它停住了，把那一小块又放回到路边，缓慢地向前滚去。

我们每个人都是一个不完整的圆，生命中有些东西原本是可以放下的，太完美的结局往往像那个完整的圆一样，会失去很多快乐。也许正是缺陷，才令我们更完整，更能体现我们的真实。

命运中总是充满了不可捉摸的变数，如果它让我们更完美，当然是好的，我们也很容易接受。但事情却往往并非如此，有时，它带给我们的会是不可避免的遗憾，这时我们不能只是悲伤，而是应该学会接受学会释怀。断臂的维纳斯依然是美的象征，**我们的缺憾也不过是生命旅途中一道崎岖的风景，只要能够放下追求完美的心，人生定会增添很多乐趣。**

开悟箴言

　◆金无足赤，人无完人，没有一个人的人生是完美无瑕的。

　◆完美是一座高不可攀的宝塔，你可以在心中向往它，但切不可把它当做一种现实存在。

　◆在这个世界里，完美也是一件可怕的事，如果你每做一件事都要求完美无缺，就可能会因为心理负担的增加而不快乐，要知道，人生的各种不幸皆由追求完美而导致。

第三章
舍得是一种境界
——大舍大得，小舍小得，不舍不得

> 舍得是一种选择，更是一种睿智。明智的舍弃胜过盲目的执著。它驱散了乌云，它让你不盲从、不迷失、不狭隘。当你真正把握了舍与得的机理和尺度，就等于开启了幸福的大门，抓住了成功的机遇。人生万事，都是一舍一得的重复。

今天的舍得，是为了明天的得到

人生有得便有失，得就是失，失就是得，所以人生最高的境界，应该是无得无失。但是人都是患得患失的，也是未得患得，既得患失的。明智的做法是要学会舍弃，**舍弃是一种境界，大弃大得，小弃小得，不弃不得。**

第二次世界大战之后，英法美三国首脑商议决定在美国纽约成立联合国，以协调处理世界事务。但在一切准备就绪之后，他们才想到，这个全球至高无上、无比权威的世界性组织竟没有自己的立足之地：联合国机构该建在哪里呢？而且二战刚过，各国政府都处于财政虚空状

况，不可能筹资买地皮。联合国机构刚刚成立，更拿不出一分钱。何况，纽约地价寸土寸金，买一块地皮并不是一件容易的事。

正在一筹莫展之时，美国著名的洛克菲勒财团听说了这件事，决定出资 870 万美元在纽约买下一块地皮，并将之以一美元的价格卖给了刚刚挂牌的联合国。同时，洛克菲勒家族还将与之毗邻的大面积地皮全部买下。对于洛克菲勒家族的这一举动，当时很多人都无法理解。不管是对于战后经济萎靡的美国还是全世界来说，870 万美元都不是个小数目，洛克菲勒家族却将它拱手赠出，而且没有任何附加条件，这确实令人想不通，还有人断言：不要十年，洛克菲勒财团就会成为洛克菲勒贫民集团。

但令所有人目瞪口呆的是，联合国大楼刚刚建成完工，与之相邻的地价便立刻飙升起来，洛克菲勒家族收获了相当于捐赠款近百倍的巨额财富。这时，人们才开始佩服洛克菲勒家族的投资意识和长远眼光，并对其大手笔表示震撼。

如果当初洛克菲勒家族没有舍出那 870 万美元，就不会得到后来那些源源不断的财富。这是典型的"因舍而得"的例子。然而，现实中许多人却执著于"得"，常常忘记了"舍"。要知道，**什么都想得到的人，最终可能会为"物"所累，导致一无所获。**

有个好胜的年轻人，他希望在所有方面都比别人强，尤其想成为一名大学问家，但是努力了多年也没有什么成就。他很苦恼，就去向一个大师求教。

大师并没有直接回答他，而是要带他去登山，说到山顶就知道该如何做了。

山上有很多漂亮的小石头，很让人喜欢。每次见到好看的石头，大师就让年轻人装到袋子里背着。没用多久，袋子里就装满了石头，年轻人几乎吃不消了，他对大师说："为什么要捡这么多石头啊？我已经快背不动了，再这样下去，恐怕永远也走不到山顶了。""那就放下吧，不放下，背着石头怎么登山呢？"大师很平静地说。"放下……"年轻人一愣，忽然觉得醍醐灌顶，心里有了答案。他立即向大师道谢，回去之后，他放下了自己其他的爱好，一心钻研学问，最后终于成了一名大学问家。

其实，没有人可以在所有方面都比别人强，要想在一个方面有所作为，就要舍弃其他方面。**人生就是这样，首先要学会舍弃，之后才能得到。如果你觉得举步维艰无法前进，那是因为你背负太多，而你之所以背负太多，是你不想舍弃。**生活中，有很多的无奈需要我们去面对，有很多的道路需要我们去选择。**舍弃不属于自己的东西，才能得到真正属于自己的精彩！**舍弃繁琐，才能轻便地前行；舍弃怅惘，才能轻快地歌唱；舍弃烦恼，才能与快乐结缘；舍弃多余利益，才能步入超然的境地。

开悟箴言

◆什么都舍不得放弃的人，往往会失去更珍贵的东西。

◆舍弃是一种超越，当你能够舍弃一切，做到简单从容地活着的时候，你就走出了生命的低谷。

◆也许有时我们只看到舍弃时的痛苦，忘记了如果不放弃就会承受的更大的痛苦。所以我们要学会舍弃。

舍和得的距离只隔了一张纸

生活中并没有绝对的得与失，所谓的得与失很大程度上是取决于我们的价值取向。但我们必须明白一个道理：翅膀挂满金子的小鸟是飞不起来的。**一个人的时间和精力是有限的，必须在纷繁琐碎中学会选**

择，懂得衡量得失，敢于适时放弃，才能得到自己最想要的东西。

　　陈铭大学毕业后被分配到一家国企工作，大家都很羡慕他。开始，陈铭也对这份工作非常满意，但时间一长，他就开始苦恼，那种一成不变、波澜不惊的日子让他感觉很压抑，他感觉自己的激情正在被一点点地吞噬，他不甘心就这样下去。

　　陈铭开始考虑辞职，可是，要放弃这样一份人人羡慕、收入又有保障的工作，无疑是疯狂又没有理智的表现。一旦辞职，他就无异于将自己打入了最底层——一个没有单位、没有固定工资、没有任何社会保障的境地。这的确需要很大的勇气，陈铭一直犹豫不决。又过了三年，陈铭终于下定决心离开。如果再耗下去，他怕自己会失去离开的决心和重新开始的勇气。

　　辞职后不久，陈铭就应聘到了一家外企，但在上班的第一天，公司负责人就告知公司将派他到外地开发市场，明天就走，什么时候把市场做好了，什么时候才能回来。陈铭一下子就懵了，他没想到刚一上班就接到如此艰巨的任务。但公司的决定毫无商量的余地，他只好义无反顾地去了。

　　也许人就是这样，直到自己没有了退路，就会激发出顽强的斗志。陈铭在外地工作了两年，市场开拓得非常出色。又工作几年之后，他就创办自己的公司了。

　　陈铭说："水往低处流是为了积水成渊，飞机降落是为了再一次起飞，所以我喜欢一次次将自己打入谷底。当时，如果我没有毅然舍弃那份国企的工作，我也不会拥有现在的一切。虽然这也算不上什么成功，但我清楚地知道：这些都是我想要的。"

　　得与失可以相互转化，陈铭的职业生涯正好说明了这个道理。谁能知道一时的失不会造就以后的得呢？所以，**如果你失去了某些东西，请不要沮丧更不必绝望，或许在日后，你会得到更多。**

不患不得，亦不患得而复失

　　所谓患得患失，就是担心得不到，得到了又担心失去。《论语》中有这样一段话：愚钝的人可以让他做官吗？让这样的人做官，他们在还没有得到官位的时候，会害怕得不到；做了官后又怕失去。既然怕失去官位，那就什么都做得出来，这就是患得患失。但现代人多被贪欲主宰，能够看淡个人得失的不多。心胸狭窄、目光短浅的根源也在于此。其实，**人的一生不过短短几十年，即使贪念再多获得再多，到生命结束时依然要撒手归西，带不走一丝一毫，何必处心积虑、挖空心思地谋取过多？** 若能看淡得失，将个人利益置于脑后，便能轻松的生活，遇事从大局着眼，从长远考虑，这样的人生才更幸福。

　　有一则寓言，讲的是一头小毛驴，它每天都要吃一堆草料。有一天，主人为它准备了两堆草料，分别放在两侧。这两堆草料看起来没什么区别，距离小毛驴的距离也一样，这本来是一件值得高兴的事，可小毛驴却犯难了，它想：先吃哪一堆好呢？先吃左边的吧，万一右边的更好吃呢？先吃右边的话，会不会错过左边的美味呢？就这样，小毛驴一直在考虑，一直在犹豫，总是患得患失，最后，竟在两堆草料中间活活饿死了。

　　毛驴因为患得患失，最后连生命都失去了。其实，两堆草料原本就是都属于它的，完全可以不费任何心思。但它总是考虑哪堆草料更美味更好吃，两堆草料都不舍得放弃，结果什么都没得到。

　　我们总是希望得到，得到就是占有，但占有是双向的，当你占有了某样东西，它其实也占有了你。所以，不要认为那些拥有的多的就一定幸福，他们得到的越多，受到的束缚就越多，失去的自由也越多。 相比之下，失去反而更加轻松，虽然失去是一种痛苦，但也少了许多牵挂。人原本就是赤条条地来，两手空空地去，就算得到再多也不过是身外之物；即使失去再多也只是回归了最自然的状态，亦不值得悲伤。所以，不必把得失看得太重，患得患失会让我们在处理事情时无法冷静思考，反而会失去更多。

　　传说中，后羿是个神射手，百步穿杨，箭箭都中靶心，从不失手。后来，夏王听说了后羿的本领，十分欣赏，便把后羿召进宫去为其表演射箭的技艺，并对后羿说，如果他的射术真如传说中那样厉害，就赏赐黄金万两，如若不然，则要削减他一千户的封地。

　　听了夏王的话，后羿开始紧张了。射箭的时候，他一想到自己这一箭射出去可能发生的后果，就无法镇定，拉弓的手也微微发抖，瞄了好几次都没把箭射出去。最后，他终于下定决心松开了弦，却根本没中靶心。后羿又射了几次，还是无法射中靶心。没办法，他只好向夏王道歉，悻悻地离开了王宫。

　　夏王本想欣赏一下他的射术，没想到竟是这个结果，非常失望，也很疑惑，他问手下：民间都传说后羿的射术如何如何好，不会就是这个样子吧？

　　手下回答：并不是后羿的射术有问题，而是你的话影响了他。之前他射箭，不过是平常练习，没有任何心理负担，当然可以正常发挥。但今天他射出的成绩直接关系到他的切身利益，你叫他怎能静下心来充分施展呢？

患得患失让后羿失去了平日的水准，看来，人只有在看淡得失的情况下才能平心静气，自在发挥。

古人有诗云：世事如庭前花，花开也有花落，又如天边云，云舒也有云卷，何必患得患失，终日萦挂于怀呢？世间万事，既得之，则安之；既失之，亦安之。**不患不得，亦不患得而复失，这才是自然、旷达、超然的人生。**

开悟箴言

◆对于得到的东西，要知道珍惜，对于失去的东西，要尽量糊涂，不要过分计较。

◆尊重现实，顺其自然乃智者之慧，患得患失不仅折磨自己的心智，更会使自己一事无成，苦恼不堪。

◆凡事有得必有失，有失必有得，你在这得到一片地，你可能在那会失去一片天。所谓两头兼顾，两全其美，脚踩两只船，想好处尽得，是很难的，往往会落得个顾此失彼，前功尽弃的结局。

在适当的时候放弃才是真正的洒脱

由美国励志演讲者杰克·坎菲尔和马克·汉森合作推出的《心灵鸡汤》系列图书，近些年被翻译成数十种语言，感动激励了无数的人。可是谁能想到在开始写作之前，马克·汉森经营的却是建筑业呢？

马克在建筑业的投资失败之后，他果断地选择了放弃，彻底退出了建筑业，他决定去一个截然不同的领域创业。

他很快就发现自己对公众演说有独到的领悟和热情。几年后，他直的成为了一个具有感召力的一流演讲师。他的著作《心灵鸡汤》和《心灵鸡汤2》双双登上《纽约时报》的畅销书排行榜，并停留数月之久。

马克放弃了建筑业，但是你不能简单地说他是个半途而废的人，要知道，在人生关键问题上能够舍弃，才能做出更好的选择，从而获得成功。

生命之舟无法承受太多，很多时候，我们必须做出选择，放弃一些。这种取舍间的抉择，往往让人痛苦不堪。持之以恒，固然是一种令人赞叹的态度，它也能在很多时候鼓舞人们前进，不过在适当的时候，放弃可能会是更好的选择，有时勇敢地放弃反而比勉强地坚持更有意义。

一只狐狸在森林中四处游荡，一天，它发现了一个美丽的花园。透过篱笆，可以清晰地看到花园中美丽的花朵和累累的果实。狐狸的口水都快流下来了，它试图钻过篱笆进入花园，可是它太胖了，无法钻过窄窄的篱笆。狐狸狠了狠心，好几天没吃东西，把自己饿瘦了，终于钻过了篱笆，美美地享受着那些果实。

整整一个季节，狐狸都住在花园中，过着美滋滋的生活。冬天来了，树叶凋落，百花凋零，花园中的果子也越来越少，狐狸决定离开这里。然而当它想要钻出去的时候才发现，由于这段时间吃得太开心，身体变得更胖，已经无法钻出篱笆了。狐狸只好再次让自己饿了几天，当身体瘦下来的时候，它才勉强钻出了篱笆。

假如不钻出花园，狐狸冬天就会被冻死在里面。狐狸放弃了花园中美味的水果，才让自己获得了求生的机会。就像最开始，狐狸为了进入花园忍受饥饿一样，狐狸的两次放弃，都达到了自己的目的。

放弃功名利禄的争夺，放弃尔虞我诈钩心斗角，放弃艳羡的目光，**需要我们放弃的东西有很多，但通过放弃我们获得了更多，实现了自我的超越。幸福、快乐、健康，这些我们所一直苦苦追寻的，正是在放弃了贪欲等之后才获得的。**

所以，在面临选择的时候，我们不仅要拿得起，还要放得下。放弃未必是失败，有舍弃必有所得，通过放弃得到的或许要比舍弃不了的更珍贵。

开悟箴言

◆如果方向错了，停下来就是前进。

◆敢于否定自己，敢于放弃不切实际的理想，也是一种生存的智慧。

◆持之以恒的精神固然可贵，但如果我们坚持和固守的东西有问题，甚至是错误的，那么坚持到底的结果只能是一错再错。

吃亏是福

俗话说"吃亏就是占便宜"，但很多人认为这句话纯属无稽之谈：吃亏就是吃亏，怎么会是占了便宜？所以，多数人还是费尽心机的多占便宜少吃亏，只有那么一小部分人，他们把目光放得长远，看似经常吃亏，实则占了大便宜。

事实也证明，**很多当下的吃亏，未必就是坏事，更多的时候，损失蝇头小利反而会换来更大的利益**。因此，为人处世一定要有长远的眼光，切不可为了眼前的一己私利而落入"鼠目寸光"的俗套，否则，你就会在斤斤计较中错失获取更大收益的机会。

现代成功学大师拿破仑·希尔在成功前曾经有过这样的一段经历：

1908年，他有幸采访了美国的钢铁大王卡耐基，两人交谈后，卡耐基觉得这个年轻人非常有才华，很欣赏他，于是对希尔提出了一个挑战，他要求希尔在以后的 20 年里，把全部的时间和精力都用在研究美国人的成功哲学上，然后得出一个结论。他可以为希尔写介绍信和引见一些成功人士，但除此之外，不会给希尔提供任何经济方面的支持。

希尔毫不犹豫地答应了这个看似非常不公平且吃亏的条件，因为他有一种直觉：这个决定会影响他的一生。就这样，希尔用他人生中最珍贵最有创造力的 20 年免费为这位富翁工作，没有一点儿报酬。

事实证明，希尔的选择没错。在那 20 年里，他在卡耐基的引见下拜访了全美国最富有的 500 位成功人士，写出了震惊世界的《成功定律》一书，并且成为了罗斯福总统的顾问。希尔做了一件看似吃亏的事，却得到了令人意想不到的回报。

后来，在回忆这件事情时，希尔说："全国最富有的人要我为他工作 20 年而不给我一点儿报酬。一般人在面对这样一个荒谬的建议时，肯定会因为太吃亏而推辞，可我没这么干，我认为我要能吃得这个亏，才有不可限量的前途。"

由希尔的故事来看，**有些事情，看似"亏"，实则是在为我们积蓄"盈"，吃得亏才能扭亏为盈。只是我们需要站在更高的层面上，用长远的眼光来看，一定要敢于吃这样的亏，更要站在未来发展的角度上，善于吃这样的亏。**

有个人做了十几年生意，他没有文化，也没有背景，但生意却出奇的好。他的秘诀说起来也很简单，就是在与每个合作伙伴分利的时候，他都只拿小头，把大头让给对方。如此一来，凡是与他合作过的人，都因为能从中赚到不菲的利润，而愿意和他再次合作，有的甚至还会介绍一些朋友，再扩大到朋友的朋友，也都成了他的客户。虽然他只拿小头，但很多的小头积聚起来，就成了大头。到了最后他才是最大的赢家，他不但赢得了合作伙伴的信任，又积少成多地争取到了尽可能高的利润。

这就是吃亏的好处。你舍弃了小利反而会获得大利。这样看来，吃亏真是占了大便宜。

每个人都在潜意识里想多获得一些利益，或是想得到比别人更多的好处，但人们也普遍讨厌斤斤计较、唯利是图的人。如果你只愿占便宜，一点亏都不吃的话，所有人都会离你远远的。要想获得他人的好感和信赖，就一定要懂得积极地付出，哪怕自己吃点亏，也要做出自我牺牲，只有这样做，他人才会觉得你豪爽、大度、重感情、乐于助人。这样你就会给别人留下非常好的印象和口碑，大家都会认为你是一个值得交往的伙伴。

当然，只愿付出、不求回报的人是很少的，但是，急于回报的人，往往因为其功利心太重而让别人瞧不起，这样即使你做了牺牲，别人也不会领情。没有人会愿意和一个斤斤计较的人做朋友，也没有人会愿意和一个唯利是图的人合作共事。害怕吃亏的人往往会吃大亏，而对于不怕吃亏的人来说，吃亏就是占便宜，主动吃亏往往能够使你在不如意的时候找到一飞冲天的机会。

古人说：**用争夺的方法，你永远得不到满足；但是如果用让步的方法，你便可以得到比企盼更多的东西，这就是吃亏的意义所在。**

开悟箴言

◆能吃亏是一种做人的境界，会吃亏则是处世的谋略。

◆做人要能吃得亏，过于计较，得失心太重，反而会舍本逐末，丢掉应有的幸福。

◆人生一世，功名利禄，生不带来，死不带去，斤斤计较，只会给自己增加痛苦。不如看淡得失，放下名利，享受生活的自在。

舍弃一颗种子，收获一树风景

如果你的手里有一颗种子，你该怎么办？是把这颗种子牢牢地攥在手里，还是把它种在土里？把它攥在手里，它只能是一颗平淡无奇的种子，没有任何意义；舍弃它，把它种在土里，它就会长成一棵大树，让生命继续繁衍。可能，每个人都会选择后者。这样，**你可能会失去这颗种子，但你收获的，却是一树的美丽风景。**

那年春天，她在院子里种了一棵菊花。

三年后的秋天，小小的院子变成了一个菊花园，金黄金黄的花朵簇拥着次第开放，整个小山村都散发着浓浓的芳香。

她陶醉了，整日敞着院门守在门旁边。她看见过往的乡邻就热情地招呼他们进来坐，以便让满院的菊花吸引更多人的目光。于是，小小的山村也在秋天美丽起来，她的脸上闪烁着金色的微笑。

终于，有人开口了，向她要几棵花种在自家院子里，她很爽快地答应了，亲自挑拣了开得最鲜、枝叶最粗的几棵，挖出根须送到了别人家里。消息很快就传开了，前来要花的人接连不断。在她眼里，这些人一个比一个知心，一个比一个亲近，都要给。不多日，院里的菊花就被送得一干二净。

没有了菊花，院子里就如同没有了阳光一样落寞。

秋天最后的一个黄昏，儿子陪她在院子里散步，突然就想念起满院的菊香来，不由地抱怨起她把那么多菊花都送人了。她轻轻拉过儿子的手，说："这样多好，三年后满村里都是菊香！"这时候的她，脸上的皱纹宛若一瓣瓣菊花般生动感人。

她舍弃了自己一个院子的菊香，换来满村的菊香。**把一个人的快乐与别人一起分享，就变成了两个人的快乐。把一个人的悲伤与人分担，每个人都只承担一半悲伤。**拿出自己的美好和幸福，与大家一起分享，就变成了大家的美好和幸福，这就是最有意义的事。

有位朋友讲过他的经历：有次他去外地旅游，对面坐的是一位年老的妇人，那时候还都是老式的绿皮火车，车窗是可以打开的。他就看见那老妇人时不时地从敞开的窗户中伸出手去，把一个瓶子里的什么东西撒在外面。她撒完了一个瓶子之后，又从手提包里把瓶子灌满，接着继续撒。

后来他实在好奇这妇人在做什么，便鼓起勇气问了问，妇人笑着回答他："我非常喜欢花，所以每次旅行我都随身带着很多花种洒在路上，因为我可能永远都不会在同样的路上再次旅行。"

那位妇人不仅热爱美，更爱传播美，她在旅途中撒播花种，使得许多道路两侧长满了鲜花，生机盎然。

你舍弃一点，就可能收获更多。但很多人连这一点都做不到，因此他的人生注定枯燥贫乏。

开悟箴言

◆舍弃，是尝试收获的第一步。

◆舍弃是为了更好地得到，是明白生命的重与轻，是为了体验生命的本质。

◆舍弃是一种美丽的收获，人生有舍才能有得，不要让欲望的包袱压弯了腰。及时放弃，甩掉不必要的负担，才能在人生的道路上健步前行。

给予比得到更快乐

人活在世上，不能只是索取，应该学会给予，让他人因为你的存

在而得到益处。可是，现在很多人都是只知索取，不知付出，只知爱己，不知爱人。**给予是一种处世智慧和快乐之道，即使你拥有金钱、爱情、荣誉，也抵不过给予的快乐。**

看过这样一篇文章：

巴勒斯坦有两个海，一个是淡水，里面有鱼，名为伽里里海。从山脉流下来的约旦河带着飞溅的浪花，成就了这个海。它在阳光下歌唱，人们在周围盖房子，鸟类在茂密的枝叶间筑巢，每种生物都因它而幸福。

约旦河向南流入另一个海。这里没有鱼的欢跃，没有树叶，没有鸟类的歌唱，也没有儿童的欢笑。除非事情紧急，旅行者总是选择别的路径。这里水面空气凝重，没有哪种动物愿意在此饮水。

这两个海彼此相邻，何以又如此不同？不是因为约旦河，它将同样的淡水注入。不是因为土壤，也不是因为周边的国家，区别在于：伽里里海接受约旦河，但绝不把持不放，每流入一滴水，就有另一滴水流出，接受与给予同在。

另一个海则不同，它吝啬地收藏每一笔收入，绝不冲动让步，每一滴水它都只进不出。

伽里里海乐善好施，生气勃勃。另外那个则从不付出，它就是死海。

这两种海就像世上的两种人，一种只知索取，一种乐于给予。只知索取的人，他的生活也将死气沉沉，远离幸福。乐于给予的人才能在阳光下享受生活。**一个人是否快乐不取决于他得到了多少，而在于他付出了多少。**如果你种玉米，就会收获玉米；如果你种大麦，就得到大麦。同样，如果你播种怨恨，会得到怨恨；如果你给予爱，你就会得到爱。

从前有个王子，他非常富有，他的父王有无上的权力，可以让他得到一切他想要的东西。可是，这并不能让他感觉快乐。他的父王想尽了办法，都没能让他露出笑容。

有天，一个人走进王宫，说他有办法让王子快乐起来，可以把王子的忧戚变作笑容。国王很高兴地回答说："假如你真能做好，我可以赏赐给你任何东西。"那人将王子带进了密室里，用白色的东西在一张纸上涂写了几笔。他把那张纸交给王子，嘱咐他走入一间暗室，然后燃起蜡烛，注视着纸上呈现出了什么。说完，那人就走了。

王子按照那人说的去做了，在烛光的映照下，他看见那些白色的字迹化作美丽的绿色，然后变成了这样一行字："给予比得到更快乐！"王子愣了一会儿，似有所悟。

从那以后，王子就按照那句话去做。学会了给予，很快，他就变得快乐起来了。

生活就是这样，当你懂得给予时，你的人生也会因你的给予而快乐。一个人，当你给予的时候，其实也是在得到。你给予别人的可能是物质，你得到的却是精神上的满足。

给予是一种善良的习惯，我们可以从中获得喜悦和快乐，如若不然，我们的人生就会少掉许多欢乐。

开悟箴言

◆送人玫瑰，手留余香；懂得给予，才更懂得到。

◆你把最好的给予别人，就会从别人那里获得最好的。你帮助的人越多，你得到的也越多。你越吝啬，就越一无所有。

◆生命就像是一种回声，你送出什么就会收回什么，你播种什么就收获什么。你给予了别人，别人自然也会给予你，这便构成了人世间许多美好的元素。

第四章
给生活做减法
——化繁为简，才能看清幸福的真相

> 用减法生活，我们可以不去思考生活的得失，不去顾及别人的眼光，就可以做最真实的自己，按照自己的想法去行动，依从自己的心灵去感悟。我们可能不富有，却可以很充实；我们可能不显赫，却可以很自在。

越单纯，越幸福

很喜欢一首歌，里面有这样的几句词"越单纯，越幸福，心像开满花的树"，寥寥数字，却蕴藏着人生的真意。越简单才越幸福，我们之所以总觉得不够幸福，就是因为生活太复杂，让我们迷失了心智，唯有化繁为简，才能看清幸福的真相。

大学毕业后，她怀揣梦想来到北京，开始了北漂生活。幸运的是，她很快找到了工作，虽然辛苦，却让她感觉很充实。很快，三年的时间过去了，她的薪水越来越高，工作也越来越忙，可是她却觉得自己根本不快乐。为了工作，她没有休闲没有娱乐，甚至都忘了睡到自然醒是什么感觉。每次看到街上行色匆匆的人，她都觉得心里一阵阵的茫然，她觉得自己跟他们一样，可能根本找不到自己想到的地方。

她开始经常怀念家乡的生活，那是个很小的城市，在那里，时间都似乎慢了很多。从城南到城北，骑车也不过半个小时。那里似乎永远不会堵车，车辆也不会那样疯狂的横冲直撞。人们的脚步都是缓缓的，脸上挂着快乐的笑容。当然，那里的工资水平可能连北京的一半都不到，可是生活很惬意。她听到自己的心里有一个声音在说：回去吧，回去吧。

　　她终于狠下心，舍弃了在北京的一切，回到了家乡的小城。很多人都不理解，觉得她怎么能放弃那么好的工作与待遇，甘心待在那个小地方呢？她亦不解释，她只知道，内心的快乐与安宁比什么都重要。

　　动物只要吃得饱，不生病，就会觉得快乐了。人其实也是一样，活得越简单就越容易快乐。但现代大多数人总是追求的太多而无暇顾及自己的生活，他们在永不停息的奔忙中忘记了活着的真正目的，忘记了什么是自己真正想要的。

　　有一支淘金队伍在沙漠中行走，大家都步伐沉重，痛苦不堪，只有一人快乐地前行，别人问："你为何如此惬意？"他笑着说："因为我带的东西最少。"

　　原来快乐很简单，只要放弃多余的包袱就可以了。

　　当代作家刘心武曾说："在五光十色的现代世界中，应该记住这样古老的真理：活得简单才能活得自由。"

　　用过电脑的朋友都知道，在电脑系统中安装的应用软件越多，电脑运行的速度就越慢，并且还会产生大量的垃圾文件、错误信息，若不及时清理，不仅会影响电脑的运行速度，还会造成死机甚至整个系统的瘫痪。所以必须定期地删除多余的软件，清理那些无用的垃圾文件，这样才能保证电脑的正常运转。

　　我们的生活和电脑系统的情况十分类似，现代人的生活过得太复杂了，到处都充斥着金钱、功名、利欲的角逐，到处都充斥着新奇和时髦的事物。被这样复杂的生活牵扯，我们能不疲惫吗？**如果你想过一种幸福快乐的生活，就不能背负太多不必要的包袱，要学会删繁就简。**

托尔斯泰笔下的安娜·卡列尼娜以一袭简洁的黑长裙在华贵的晚宴上亮相，惊艳无比，令周遭的妖娆"粉黛"颜色尽失。所以，去除烦躁与复杂，恢复对生活的本真，才能让我们的人生释放最美丽的光彩。

美国哲学家梭罗有一句名言感人至深："简单点儿，再简单点儿！奢侈与舒适的生活，会妨碍了人类的进步。"他发现，当他把生活上的需要简化到最低限度时，生活反而更加充实。因为他已经无须为了满足那些不必要的欲望而心神分散。

金钱、功名、出人头地、飞黄腾达，当然是一种人生。但能在灯红酒绿、推杯换盏、斤斤计较、欲望和诱惑之外，不依附权势，**不贪求金钱，心静如水，无怨无争，拥有一份简单的生活，不也是一种很惬意的人生吗**？毕竟，你用不着挖空心思去追逐名利，用不着留意别人看你的眼神，没有锁链的心灵，快乐而自由，随心所欲，想哭就哭，想笑就笑，虽不能活得出人头地、风风光光，但这又有什么关系呢？

开悟箴言

◆生活越简单越快乐，这是快乐的真谛！

◆简单的快乐并非因为贫乏或缺少内容，而是繁华过后的一种觉醒，是一种去繁就简的境界。

◆快乐许多时候与占有物质的数量并不成正比。锦衣玉食的人未必感到快乐，粗茶淡饭的人未必没有快乐。

太忙碌，会错失身边的风景

有一次跟朋友闲聊，朋友说："你看，春天是真的来了啊。我上班的路上，那些树有的都开花了，真漂亮啊。你那儿呢？"这么简单的问题，却难住了我。因为我只顾赶时间，从来没有注意过路边的树。即使经过它们，我也视而不见，因为我的脑子里正在想着工作或者生活中的琐事，却不知道自己在无意中错过了那么多美丽的风景。

很多人都是这样，被忙碌的生活搞得焦头烂额，根本无暇顾及其他。**我们总是说"熟悉的地方没有风景"，其实熟悉的地方并非没有风景，只是我们缺少了一颗发现和欣赏风景的心。**

而且忙碌只能使我们的物质生活有所变化，但获得这些要付出怎样的代价，你想过吗？

我认识一对夫妻，两人以前都是国企单位的员工，收入稳定，生活安逸，他们有一个非常可爱的女儿。每逢节假日，一家三口都会外出游玩，其乐融融，令人羡慕。

但是，平淡的日子过久了，他们就觉得生活中似乎少了点激情。后来，经人介绍，丈夫去了一家外企，收入几乎比之前多了一倍。再后来，在丈夫的动员下，妻子也离职去了一家大型公司。凭着出色的业绩，他们都成了各自公司的骨干。夫妻俩整天拼命工作，有时忙不过来还要把工作带回家，5岁的女儿只能被送到寄宿制幼儿园。最初的激情过后，妻子开始觉得自从他们进入外企之后，这个家就有点旅店的味道了。孩子每星期才回来一次，有时她要出差，就很难与孩子见到面。不知不觉中，孩子幼儿园毕业了，毕业典礼上，她看到自己的女儿表演节目，竟然有点不认得这个孩子了。孩子跟着老师学习了那么多，可是在亲情的花园里，她却像孤独的小花。频繁的加班侵占了陪女儿的时间，这一切都让她陷入了迷惘和不安之中。

后来，女儿的一句话让她下定了决心要以家庭为重。那天，已经上小学的女儿对她说："妈妈，以后我可以每两个星期再回来一次吗？""为什么啊，宝贝？"孩子的话让她有点惊讶。"你和爸爸总是那么忙，都没时间陪我，我还不如在学校跟小朋友们在一起呢。"女儿的话差点让她流下泪来，她突然觉得自己做的一切都失去了意义。

其实，我们很多人都和故事中的夫妻一样，对生活有着过高的期许：拥有宽敞豪华的寓所；完整的婚姻；让孩子享受最好的教育，成为最有出息的人；努力工作以争取更高的社会地位；能买高档商品，穿名贵的皮革；跟上流行的大潮，永不落伍……只是这些并不能完全让我们感觉到快乐，相反，即便拥有了这些，我们也会经常陷入莫名其妙的不安之中。这种不安就是我们内心微弱的呼唤，只有躲开外在的嘈杂喧闹，静静聆听它，我们才会做出正确的选择，否则，我们将在匆忙喧闹的生活中迷失，找不到真正的自我。

富裕奢华的生活需要付出巨大的代价，却不一定就能给我们带来想要的幸福。我们每个人都应该学会给生活做减法，降低对物质的需求，改变奢华的生活目标，省出更多的时间来充实自己。轻松的生活可以让我们更加自信果敢，更加珍视人与人之间的情感，欣赏生活中更多的风景。

给生活做做减法，跳出忙碌的圈子，丢掉过高的期望，走进自己的内心，认真地体验生活、享受生活，你就会发现生活原本就是简单而有趣的。减法生活不是忙碌的生活，也不是贫乏的生活，它只是一种不让自己迷失的生活方式。全身心地投入其中，这样你就能体验生命的激情。

开悟箴言

◆一个人可以活得很忙碌，但绝不可以因忙碌而放弃生活。

◆事情再多、工作再忙也要让自己慢下来，人生旅途在乎的是沿途的风景和看风景的心情。

◆不要将"忙"当成你生活的全部，也不要以"忙"为借口，糊涂地拒做那些会给你终生留下遗憾的事情。

减掉不必要的生活内容

一个人觉得生活很沉重，便去见智者，寻求解脱之法。

智者给他一个篓子背在肩上，指着一条沙砾路说："你每走一步就捡一块石头放进去，看看有什么感觉。"

过了一会儿，那人走到了头，智者问有什么感觉。那人说："越来越觉得沉重。"智者说："这也就是你为什么感觉生活越来越沉重的原因。当我们来到这个世界上时，每个人都背着一个空篓子，但是我们每走一步都要从这世界上捡一样东西放进去，所以才有了越来越累的感觉。"

生命之舟需要轻载，当你觉得自己不堪重负时，应当学会做"减法"，减去自己一些不需要的东西。简单一点，人生反而会更踏实。

懂得简单生活的人善于放下欲望的包袱。简单生活是繁华过后的觉醒，是去繁就简的一种境界。

有这么一位行吟诗人，他一生都住在旅馆里，拒绝房子等他认为是负担的东西。他不断地从一个地方旅行到另一个地方。他的一生都是在路上，都是在各种交通工具和旅馆中度过的。这么做并不是他没有能力为自己买一座房子，而是他自愿选择这样生活。后来，鉴于他为文化艺术所做的贡献，也鉴于他已年老体衰，政府决定免费为他提供住宅，但他还是拒绝了，理由是他不愿意为房子之类的事情耗费精力。就这样，这位特立独行的行吟诗人，在旅馆和路途中度过了自己的一生。他死后，朋友为他整理遗物时发现，他一生的物质财富，就是一个简单的行囊，行囊里是供写作用的纸笔和简单的衣物。而在精神财富方面，他给世界留下了十卷优美的诗歌和随笔文集。

这位诗人的生活是简单而有意义的。他的人生是去繁就简的一生，没有太多不必要的干扰，没有太多欲望的压迫，是一种简单而又纯粹的生活。

如今，一些人已经开始倡导过一种"简单的生活"。他们试着离开汽车、电子产品、时尚圈子，这被称作"草根运动"。他们强调简化自己的生活，并非完全抛弃物欲，而是要把人的专一于身外浮华物上的注意力移出适当比例，放在人自身、精神和心灵情感之上，过一种平衡和谐从容的生活。

"简单生活"并不是要你放弃追求，而是说要抓住生活的本质及重心，以四两拨千斤的方式，去除世俗浮华的琐务。**简单的生活，是快乐的源头，为我们省去了许多汲汲于物外的烦恼，也为我们开阔了许多身心解放的快乐空间。**

卡尔逊说："简单生活不是自甘贫贱，你可以开一部昂贵的车子，但仍然可以使生活简化。一个基本的概念在于你想要改进你的生活品质，那么关键是要诚实地面对自己，想想生命中对自己真正重要的是什么。"

简单不是乱减一气，而是在对事物的规律有深刻的认识和把握之后的去粗取精，去伪存真。它主张我们减去人生旅途中不必要的负担以使我们能够有更多的时间去欣赏沿途的风景，更轻松地享受旅程的乐趣。

开悟箴言

◆ 清除、减少生命中不需要的，或许你得到的会更多。

◆ 减法生活是一种生活方式，是一种化繁为简获得幸福并懂得享受幸福的生活能力。

◆ 优雅尽在简单之中，幸福源自减法生活。化繁为简的生活不仅使得"曾经拥有"显得弥足珍贵，也给未来赢得更多期待。

欲望越小，人生就越幸福

从前，有位财主在山洞里发现了一座金山，高兴得不得了，他赶忙将金子装进自己的布袋，准备带走所有金子。这时，洞里的神仙发话了："人啊，别让欲望负重太多，天一黑下来，山门就要关了，到时候，你不仅得不到半两金子，连老命也会在这里丢掉，保命要紧，快离开这里吧。"

可财主哪里听得进去，他想：这个山洞这么空阔，而且又那么坚硬，不会一下就消失的。于是，财主仍然不停地搬运，非要把金山搬走不可。不料，一阵轰隆隆地雷声响起后，山洞被地下冒出的岩浆吞没掉了，财主也再没有出来。

很多人就是这样，总是希望有所得，以为拥有的越多，就会越快乐。所以，我们就会寻着这种感觉一直走下去。可是，有一天，我们会忽然惊觉：我们忧郁、无聊、困惑、无奈……我们失去了所有的快乐，其实，**我们之所以不快乐，是我们渴望的太多了，欲望的负累让我们执迷不悟了。**

托尔斯泰说："欲望越小，人生就越幸福。"这话蕴含着深刻的人生哲理。

一天，有个老头在森林里砍柴。他抡起斧子正准备砍一棵树，突然从树上飞出一只金嘴巴的小鸟。它求他不要砍倒那棵树，并答应给他送柴烧。

老头空手回到家，他对老伴说："明天家里会有许多柴的。"

第二天，老伴发现院子里多了一大堆柴，就叫老头道："快来看，快来看，谁在我们家院子里放了这么一大堆柴。"

老头把遇到了金嘴巴鸟的事告诉了老伴，老伴说："柴是有了，可是我们却没有吃的。你去找金嘴巴鸟，让它给我们点吃的。"

老头又回到森林里的那棵树下。这时，金嘴巴鸟飞来了，它问：

"你想要什么呀？"

老头回答说："我的老伴让我对你说，我们家没有吃的了。"

"回去吧，明天你们会有许多吃的。"金嘴巴鸟说完又飞走了。

老头回到家，对老伴说："上床睡觉吧，明天家里会有许多食物的。"

第二天，他们果真发现家里出现了许多肉、鱼、甜食、水果、葡萄酒和想要的食物。饱餐了一顿后，老伴对老头说："快去找金嘴巴鸟，让它把我们变成国王和王后，这样我们以后的日子就尽是荣华富贵了。

第二天，老头又来到了那棵树下，金嘴巴鸟飞来问他："你还想要什么？"

老头对它说："我的老伴让我来找你，让你把她变成王后，把我变成国王。"

金嘴巴鸟冷漠地望了一下老头，说："回去吧，明天早上你会变成国王，你的老伴会变成王后的。"

老头回到家，把金嘴巴鸟的话告诉了老伴。

第二天早上醒来，他们发现自己穿的是绫罗绸缎，吃的也是山珍海味，周围还有着一大帮的侍臣奴仆。

可是，老伴对此仍不满足，她对老头说："去，找金嘴巴鸟去，让它把魔力给我，让它来宫殿，每天早上为我跳舞唱歌。"

老头只好又去森林找金嘴巴鸟，他找了许久，最后总算找到了它。老头就说："金嘴巴鸟，我的老伴想让你把魔力给她，她还想让你每天早上去为她跳舞唱歌。"金嘴巴鸟愤怒地盯着老头，它说："回去等着吧！"

老头回到家，和老伴一起等待着。

第二天起床后，他们发现自己被变成了两个又丑又小的小矮人。

人不能没有欲望，没有欲望就没有前进的动力，但有欲望不等于有贪欲，因为，**贪欲是无底洞，你永远也填不满它，贪欲只会给你带来无穷无尽的烦恼和麻烦。**所以，我们要学会控制自己的欲望，懂得适可而止，这样才能最终找到幸福。

牵着蜗牛去散步

有一名牧师在为他人布道的时候讲过这样一个故事：

上帝给我一个任务，叫我牵一只蜗牛去散步。我不能走得太快，蜗牛已经尽力在爬了，但每次仍只能挪那么一点。我催促它，我吓唬它，我责备它，蜗牛用抱歉的眼光看着我，仿佛说：我已经尽了全力！我拉它，我扯它，我甚至想踢它，蜗牛受了伤，它流着汗，喘着气，往前爬。真奇怪，为什么上帝要我牵一只蜗牛去散步？

"上帝啊！为什么？"天上一片安静。

唉！也许上帝抓蜗牛去了！好吧！松手吧！反正上帝不管了，我还管什么？任蜗牛往前爬，我在后面生闷气。待放慢了脚步，静下心来……

咦？忽然闻到了花香，原来这边有个花园。我感到微风吹来，原来夜里的风这么温柔。

还有！我听到鸟声，我听到虫鸣，我看到满天的星斗，多美。

咦？以前怎么没有这些体会？我这才想起来，莫非是我弄错了？原来上帝叫蜗牛牵我去散步。

在忙碌的现代生活中，只有放慢脚步才能找到生活的美。漫步在幽静的小路上，呼吸着清新的空气，透过树荫，怀着一种悠闲的心情细数阳光洒在地上碎石般的条纹，或者闭上眼睛，仔细感受扑面而来的淡淡花香。仰天长望，几丝白云在轻轻地飘。哼一首无名的小曲，默念一首小诗，这些都会让你充分地感受到生活的美。

生活的意义，正如一杯清茶，越冲越香，越品越醇。谁都能体会到它的清苦，可只有细细品味，才能体会到其中的香醇。医此，在忙碌的生活中，不妨轻轻地放慢你的脚步，牵着你的蜗牛去散散步，这样你就不会错过很多可能在忙碌中忽略的美景，重新为自己找回简单、悠闲的心境。

释迦牟尼在没有成佛之前，经历过很多次的磨炼和苦修，从中领悟了许多人生的智慧和真谛。

有一天，释迦牟尼要进行一次长途的跋涉，他因为急于到达目的地，便无视于路程的遥远和艰苦，只是努力地赶路。

长途漫漫，释迦牟尼累得精疲力竭，终于，眼看就要到达自己想去的地方了，释迦牟尼松了口气。就在他心情放轻松的同时，他感觉到有一颗小石子磨得双脚很不舒服。那颗石子很小，小到让人根本感觉不到它的存在。

其实，在释迦牟尼刚开始赶路不久，他就已经清楚地感觉到那颗小石子的存在，它不断地刺痛着脚底，让他觉得不舒服。

然而，释迦牟尼一心忙着赶路，也不想浪费时间脱下鞋子，索性便把那颗小石子当做一种修行，不去理会。

直到这时，他才停下急切的脚步，心想着：既然目的地已经快要抵达了，并且还有一些闲暇，干脆就在山路上把鞋子脱下来，把鞋子里的小石子拿出来，让自己轻松一下！

就在释迦牟尼弯腰准备脱鞋的时候，他的眼睛不自觉地瞄向沿路的水光山色，竟然发现它是如此的美丽。当下，他领悟了一个道理：自己这一路走来，如此匆忙，心思意念竟然只专注在目的地上，甚至完全没有发现四周优美的景色。

释迦牟尼把鞋子脱下，然后将那颗小石子拿在手中，不禁赞叹着说："小石头啊！真想不到，这一路走来，你不断地刺痛我的脚掌心，原来是要提醒我，慢点儿走，欣赏生命中的美好事物啊！"

如果天上的星辰一生只出现一次，那么每个人一定都会去仰望，而且看过的人一定都会大谈这次经验的壮观。传媒一定提前就大做宣传，而事后还要大赞其美。星辰果真只出现一次，我们一定不愿错过它们的美，不幸的是它们每晚都闪亮，所以我们好几个月都不会去抬头望一眼天空。

正如罗丹所说的："生活中不是缺少美，而是缺少发现。"不会欣赏生活是我们最大的悲哀。我们也不必费心地寻找，美本来就是随处可见的。

要想充分享受生活，就一定要学会放慢脚步，让自己停留在一个没有过去，也没有未来，只有现在的地方。当生活在欲求永无止境的状态时，我们永远都无法体会生活的简约之美；当你停止疲于奔命时，才会发现生命中未被发掘的宝藏。

开悟箴言

◆当我们正在为生活疲于奔命的时候，生活的美好已经离我们而去。

◆当我们有意识地放慢脚步，并能抓住手中滑过的时光绳索时，心里肯定是充盈着幸福的。

◆放慢生活的脚步，不是放弃对生活的追求，只是让生命多一点体验，多一份淡定，多一份从容。

留一些时间给自己

许多人都有这样的经验：从早到晚忙忙碌碌，没有一点空闲，但仔细回想一下，又觉得自己这一天似乎并没有做什么事。这是因为**我们花了太多时间在一些无谓的小事上，泛滥的忙碌只会让我们失去自由。**

《时代杂志》曾有过一则叫《昏睡的美国人》的封面故事，大概的意思是说：很多美国人都很难体会"完全清醒"是一种什么样的感觉，因为他们总是有太多做不完的事。

美国人终年昏睡不止，听起来有点不可思议，不过，这并不是笑话，而是极为严肃的话题。

仔细想一想，你是不是也像美国人那样，没多少时间是"清醒"的？每天熬夜、开会加班，还有那些没完没了的家务，几乎占据了你所有的时间。有多少次，你可以从容地和家人一起吃顿晚饭？有多少个夜晚，你可以不用担心明天的业务报告，安安稳稳地睡个好觉？

许多人整日行色匆匆，疲态毕露。放眼四周，"我很忙"似乎成为大家共同的口头禅，忙是正常，不忙是不正常。试问，还有多少人能在行程表上挤出空当？

曾经有一段时间，我感到特别忙。有一次，一位朋友问我，"你是怎么休假的？"面对这个极其普通的问题，我竟半天答不上来。后来，静下心来想想，我最大的苦恼，就是很难找到真正属于自己的时间。一周五天，一天八个小时，工作时间的紧张繁忙自不必说，连准时下班对我来说都是一种奢侈。

生活中总有一些时刻应该是属于我们自己的。巴尔扎克说过，躬身自问和沉思默想能够充实我们的头脑。生活中，我们需要为自己找出一段完全属于自己的时间，和自己的心灵对话，体味生命的意义。

有人问古希腊大学问家安提司泰尼："你从哲学中获得什么？"他回答说："同自己谈话的能力。"同自己谈话，就是发现自己，发现另一个更加真实的自己。

很多时候我们的内心常为外物所遮蔽掩饰，从而无暇去聆听自己内心最真实的声音。于是，我们总是在冥冥之中希望有一个了解自己的人，能够在大千世界中坐下来静静倾听自己的诉说，能够在熙来攘往的人群中为我们开辟一方心灵的净土。可芸芸众生，"万般心事付瑶琴，弦断有谁听？"

其实，我们自己不就是自己最好的知音吗？世界上还有谁能比我们更了解自己呢？还有谁能比自己更能替自己保守秘密呢？因此，**当你烦躁、无聊的时候，不妨给自己一点时间，和心灵认真地对话，静下心来聆听心灵的声音，**问问自己：我为何烦恼？为何不快？我满意这样的生活吗？我的待人处世错在哪里？我是不是还要追求工作上的成绩？我要的是自己现在这个样子吗？生命如果这样走完，我会不会有遗憾？我让生活压垮或埋没了没有？人生至此，我得到了什么？我还想追求什么……这样，在自己的天地里，你可以慢慢修复自己受伤的心，可以毫无顾忌地"得意"，也可以坦诚地剖析自己。

因此，当你的生活变得枯燥乏味，当你的内心觉得需要审视自己的时候，请你为自己留出一段时间，试着安静下来认真倾听内心最真实的声音。这种倾听可以让我们从生活的繁忙中抽身出来，体验生命的甘美。

开悟箴言

◆随性生活是一种智慧、一种豁达，它不盲目、不狭隘。

◆昏睡中忙碌着的你我，必须学会割舍，才能清醒地活着，享受更大的自由。

◆贪婪是大多数人的毛病，有时候抓住自己想要的东西不放，就会给自己带来压力、痛苦、焦虑和不安。往往什么都不愿放弃的人，最后什么也得不到。

简单工作，随性生活

工作与生活就像你的两翼，只有两翼对称平衡，你才不会失重，才能够展翅高飞。所以，**不要埋头工作而忽视生活，也不要因为享受生活而放弃工作**。工作与生活虽然有时会发生冲突，但两者并不矛盾，处理得当会相得益彰。

据调查，许多白领一星期工作的时间超过常规的40小时。拼命工作的人就是工作狂，过度追求尽善尽美、强迫自己、迷恋工作是工作狂的心理特征。一个成功人士应当善于把握工作与生活的平衡，处理好工作压力与享受生活之间的关系。

工作不是生活的唯一追求，如果你想成为不为工作所苦的人，不妨试着把工作放一放，给自己多点休闲时光。

史蒂夫是一个工作勤奋的主管，差不多每天都是马拉松式的工作状态。不单个人如此，他甚至要求下属和他一起同进同退。其中一个叫吉姆的下属，也是抱着"工作就是生活的全部"的态度。直至有一日，他的儿子跌伤了脚，这皮外伤固然不碍事，问题就出在儿子对他的态度仿佛陌生人，并拒绝接受他的安慰，这多令人伤心。

经过这件事，吉姆受到很大打击，他发现，原来他一直忽视了一件事，那就是与家人的关系。为了补救这一关系的缺口，他和上司史蒂夫商议，寻求解决方案，而大前提是：以工作素质来评价我的能力，而不是以我逗留在办公室的时间作为评判的标准。

工作与生活是两回事，应该用两种不同的态度来对待。工作上，不管你是医生、律师、会计、出纳、司机，你演的只是职务的角色。而回到生活中，你要演的才是自己。

工作之外，我们就应该好好地享受大自然，享受生活，不要让别的事来影响我们。

通用公司的总裁杰克·韦尔奇在这方面的做法就十分值得我们借鉴。多年以来，他回忆起自己同妻子在森林中漫步的场景时仍是兴味盎然：

一个夏天的下午，我与妻子到森林游玩，我们到优美的墨享客湖山的小房里休息，房子位于海拔2500米的山腰上，那里是美国最美的自然公园。

在公园的中央还有宝石般的翠湖舒展于森林之中，墨享客原就是"天空中的翠湖"。在几万年前地层大变动的时期，造成了高耸断崖。

我的眼光穿过森林及雄壮的崖岬，转移到丘陵之间的山石上，刹那间光耀闪烁、千古不移的大峡谷，猛然间照亮了我的心，这些美丽的森林与沟溪就成为滚滚红尘的避难所。

那天下午，夏日混合着骤雨与阳光，乍晴乍雨，我们全身淋透了，衣服贴着身体，心里开始有些不愉快，但我们仍然彼此交谈着。慢慢地，整个心灵被雨水洗净，冰凉的雨水轻吻着脸颊，瞬时引起从未有过的新鲜快感，而亮丽的阳光也逐渐晒干了我们的衣服，话语飞舞于树与树之间，谈着谈着，静默来到了我们中间。

我们用心感受着四方的宁静。确实，森林绝对不是安静的，那里有千千万万的生物，大自然张开慈爱的双手孕育生命，但是它的动作却是如此和谐而平静，永远听不到刺耳的喧嚣。

在这个美丽的下午，大自然用慈母般的双手熨平了我们心灵上的焦虑、紧张，一切都归于平和。

假如你只是事业成功而没有好好享受生活，你就不可能幸福。假如你事业失败，生活没有着落，你也不可能幸福。工作和生活是幸福纸币的正反两面，只有合二为一，我们才能真正体会生活的美好。

开悟箴言

◆当生活和工作的节奏太快时，要学会将心放慢。

◆当工作和生活能互相平衡时，它们往往能相互促进，提升工作和生活的整体效率和质量。

◆工作和生活是我们每个人生命中非常重要的两件事。良好的生活状态是工作效率的保证，是忙出成效的前提，而稳定的工作则是良好生活的必要条件。

给心灵做一次大扫除

每个人都希望自己的生活过得一帆风顺，轻轻松松，简简单单，然而生活的种种压力却让我们的心灵背上了沉重的负荷。要想获得平和的心境，就需要经常为自己的心灵进行大扫除，使自己的内心保持一定的空白。

丽莎·茵·普兰特说过，**"简单不一定最美，但最美的一定简单。"**由此可见，最美的生活也应当是简单的生活。在西方社会，简单主义正在成为一种新兴的生活主张。因为大多数人的生活，以及许多所谓的舒适生活，不仅不是必不可少的，而且是人类进步的障碍和历史的悲哀。在这种情况下，人们更愿意选择另一种方式，过简单且真实的生活。

那天吃完晚饭，一家人正坐在沙发上看电视，突然，停电了！先是母亲"啊"了一声，然后我们异口同声地说"怎么停电了？"父亲没说什么，起身去找手电筒和蜡烛，母亲坐着没动，我则开始抱怨耽误了收看自己喜爱的电视节目。

待父亲把蜡烛点好，一家人无事可做，便凑在一起聊天。父亲和母亲聊他们小时候，村子里还没有通电，家家户户用的都是煤油灯，上学的孩子也是在那昏黄的灯光下写作业，有时候不注意，就会烧掉一撮头发。对于我来说，这些事情都是从来没有经历过的，觉得很好玩，就在一旁插科打诨，逗得爸妈哈哈大笑，气氛温馨极了。

在后来的日子里，我总是会想起那晚的情景，并深深地怀念。在日复一日重复的生活中，我们的内心充斥了太多外界的东西，让我们无暇顾及其他。只有学会**用一种新的视野看待生活，我们才会发现：简单的东西才是最美的，而许多美的东西也正是那些最简单的事物。**

但现在的社会鼓励我们竞争鼓励我们一忙再忙。我们已经看不到窗外的阳光、听不到树林的声音，甚至无法一心一意地去做一件小事。我们生活的酒杯里盛满了躁动的因子，让我们无法欣赏到生活中许多微妙而美好的部分。

　　而当你放下了心里的累赘，就会发现，生活原本就是简单而快乐的。这是在欲求永无止境的状态下无法体会到的更高层次的生活，是一种简单纯粹的快乐。其实，不论你的环境如何，不论你的状态如何，只要你能抽出时间给自己的心灵进行一次清扫，就能找到生活的快乐。

开悟箴言

　　◆"菩提本无树，明镜亦非台。本来无一物，何处惹尘埃。"

　　◆心灵的清扫是一种挣扎与奋斗的过程，我们也会在这个过程中逐渐成熟起来。

　　◆时常给心灵一次大扫除，记住该记住的，忘记该忘记的，改变能改变的，接受不能改变的，做心情的主人，做快乐的主宰者。

第五章
我们的心如一个容器
——心宽，天地就宽

我们的心如一个容器，容量的大小在于自己愿不愿意敞开。一念之差，心的格局便不一样。它可以豁达如宇宙，也可以狭隘如微尘。我们应该不断用宽容来充实内心，用豁达来滋润胸襟。如此，世间的一切苦恼仇恨便没有了容身之处，我们的人生也会豁然开朗。

博大的心量，可以稀释一切痛苦烦扰

从前有座山，山里有座庙，庙里有个年轻的小和尚，他日子过得很不快乐，整天为了一些鸡毛蒜皮的小事唉声叹气。后来，他对师傅说："师傅啊！我总是烦恼，爱生气，请您开示开示我吧！"

老和尚说："你先去集市买一袋盐。"

小和尚买回来后，老和尚吩咐道："你抓一把盐放入一杯水中，待盐溶化后，喝上一口。"

小和尚喝完后，老和尚问："味道如何？"

小和尚皱着眉头答道："又咸又苦。"

然后，老和尚又带着小和尚来到湖边，吩咐道："你把剩下的盐撒进湖里，再尝尝湖水。"

弟子弯腰捧起湖水尝了尝，老和尚问道："什么味道？"

"纯净甜美。"小和尚答道。

"尝到咸味了吗？"老和尚又问。

"没有"，小和尚答道。

老和尚点了点头，微笑着对小和尚说道：**"生命中的痛苦就像盐的咸味，我们所能感受和体验的程度，取决于我们将它放在多大的容器里。"**小和尚顿时若有所悟。

老和尚所说的容器，其实就是我们的"心量"，它的"容量"决定了痛苦的浓淡，心量越大烦恼越轻，心量越小烦恼越重。心量小的人，容不得，忍不得，受不得。真有成绩的人，往往也是心量宽宏的人，看那些"心包太虚，量周沙界"的古圣大德，无不为人类留下了丰富而宝贵的物质财富和精神财富。

其实，我们每个人的一生中都会遇到这样那样的痛苦，它们在苍白的心空下泛着清冷的白光。如果你的容器有限，那么只能和不快乐的小和尚一样，尝到又咸又苦的盐水，最后干渴而终。

一个人的心量有多大，他的成就就有多大，不为一己之利去争，扫除报复之心和嫉妒之念，则心胸广阔天地宽。当你能把虚空宇宙都包容在心中时，你的心量自然就能如同天空一样广大。无论荣辱悲喜、成败冷暖，只要心量放大，自然能做到宠辱不惊。

寒山曾问拾得："世间有人谤我、欺我、辱我、笑我、轻我、贱我、骗我、如何处之乎？"拾得答道："只有忍他、让他、避他、由他、耐他、敬他、不要理他、再过几年，你且看他。"如果说生命中的痛苦是无法自控的，那么我们唯有开拓自己的心量，才能获得人生的愉悦。通过内心的调整去适应、去承受必须经历的苦难，从涩苦中体味心量是否足够宽广，从忍耐中感悟暗夜中的成长。

我们的心，要和海一样，任何大江小溪，都要容纳；要和云一样，任何天涯海角，都愿遨游；要和山一样，任何飞禽走兽，都不排拒；要和路一样，任何脚印车辙，都要承担。这样，我们才不会因一些小事，而心绪不宁，烦躁苦闷！

开悟箴言

◆腹中天地阔，常有渡人船。

◆心量博大的人对有意或无意的伤害是宽厚的，对敌意的攻击是忍让的。这样的人看得开、想得开，不会计较生活中的得失。

◆拥有博大的心量不是看破红尘、心灰意冷，也不是与世无争、随波逐流，而是一种修养、一种境界。只有心量博大的人才真正懂得善待自己、善待别人，才会活出人生的大格局。

狭隘是心灵的地狱

有的人遇到一点委屈便斤斤计较；有的人听到同事或朋友一两句批评的话就接受不了，甚至痛哭流涕；有的人认为生活、工作中一点小小的失误就是莫大的失败，长时间寝食不安；有的人人际交往面窄，只同自己喜欢的人交往，容不下那些与自己意见有分歧或比自己强的人……这些人的心胸未免过于狭隘，下面的故事，就是给狭隘者最好的一课。

有一位名叫卡莱尔的书店经理，他在无意中发现了店员写的一封对他极尽辱骂讽刺的信，并说希望副经理能马上接替他的职务。卡莱尔读了这封信以后，就带着信跑到老板的办公室，他对老板说："我虽然是一个没有才能的经理，但我居然能用到这样的一位副经理，连我雇用的店员们都认为他胜过我了，我对此感到非常自豪。"卡莱尔一点也没有嫉妒，也没有感到有损尊严，而是为自己能雇用那样能干的副经理而自豪。

后来，他的老板不但没有撤换他，反而重用了他。

卡莱尔无疑是一个心胸宽广的人，他的言行举止与最后的收获是对狭隘者最好的抨击。**狭隘是心灵的地狱，心灵狭隘的人总是拿别人的优点来折磨自己。**德国有一句谚语："好嫉妒的人会因为邻居的身体发福而越发憔悴。"所以，心灵狭隘的人总是30岁的脸上就写满50岁的沧桑。

心灵狭隘不但会破坏友谊，还会给他人带来痛苦，既贻害自己的心灵又殃及自己的身体健康。中医《内经》云："百病生于气。""酒色财气"过度皆伤人，尤"气"为重。在狭隘的心理影响下，人的身心健康就会受到损害，狭隘的人内心经常充满了失望、懊恼、悲愤、痛苦和抑郁的情绪，有的人甚至陷入绝望之中，难以自拔。因此，要健康，要成就事业，就必须学会宽容大度。南宋长寿诗人陆游曰："长生岂有巧？要令方寸虚。""宰相肚里好撑船"。做事要有雅量，做人又何尝不是如此？保健也好，养生也好，关键之关键就是"养气"、"扩量"——即修炼一种"海纳百川"之"宰相度量"。

狭隘的人，其心胸、气量、见识等都局限在一个狭小的范围内。这样的人只有多与人接触，让自己对不同的人有新的认识，才会从中明白许多对与错的道理。

王朔曾发表文章《金庸太臭》，顿时引起了广大金庸迷的极大不满。"金大侠"得知后却不急不缓地说与王朔未见过面，相互之间也不认识，在公众场合也未对他的小说给予过好评。因此，王朔与他不会有个人恩怨，文艺作品总会有人说好，有人说差。非常欢迎有人批评他的小说。由于传真的文章不太清楚，他会去把王朔先生的原文找来认真阅读，只要王朔说得对，他一定会诚恳接受，虚心改正。

的确，当我们不再让自己"膨胀"时，我们便能用一颗平常心去面对他人的非议与生活的磨难。因此，正确地善待自我与他人是极其利于我们摆脱狭隘状态。

狭隘，生命不能承受之重；狭隘，只会让我们步入生命的死谷。只有心胸开阔，天地才自然宽广。告别狭隘心理，以宽广的心量去接纳生活中的不如意吧，这样才会看到生命中更多的精彩。

开悟箴言

◆宽怀大度一些，世界就大了；狭隘小气，世界也就小了。

◆狭隘最简单的定义就是太过分地关注于自己的利益，却容不下别人的需求。

◆其实，有好多烦恼都是我们自己带给自己的。只有从心灵的狭隘空间起出来，我们才能看到窗外的阳光。

豁达是一种修养

人生变幻多端，遇宠不骄，逢灾不惊，这就是豁达。比尔·盖茨曾说："**没有豁达就没有宽容。无论你取得多大的成功，无论你爬过多高的山，无论你有多少闲暇，无论你有多少美好的目标，没有宽容心，你的内心依然会遭遇痛苦。**"

豁达是一种博大的胸怀、超然洒脱的态度。一般来说，豁达开朗之人比较宽容，能够对别人的不同看法、思想、言论、行为以及宗教信仰、种族观念等都加以理解和尊重。不会轻易把自己认为"正确"或者"错误"的东西强加于别人。他们也有不同意别人的观点或做法的时候，但他们会尊重别人的选择，给予别人自由思考和生存的权利。往往是豁达产生宽容，宽容带来自由。因此，如果大家希望享有自由，每个人均应采取两种态度：在道德方面，要有谦虚的美德；在心理方面，要有开阔的胸襟，用兼容并蓄的雅量来宽容不同的意见。

因为领导反对白人种族隔离的政策，南非的民族斗士曼德拉曾被白人统治者关在荒凉的大西洋小岛罗本岛上 27 年。当时曼德拉年事已高，但白人统治者依然像对待年轻犯人一样对他进行残酷的虐待。

小岛上布满岩石，到处是海豹、蛇和其他动物。曼德拉被关在集中营一个"锌皮房"里，白天在那里打石头，然后将采石场的大石块碎成石料。他有时要下到冰冷的海水里捞海带，有时在一个很大的石灰石场里，用尖镐和铁锹挖石灰石。因为曼德拉是要犯，看管他的看守会有 3 个。这些人对他并不友好，总是找各种理由虐待他。

然而，1991 年曼德拉出狱当选总统后，他在就职典礼上的一个举动却震惊了中外。

在依次介绍了来自世界各国的政要后，曼德拉说，能接待这么多尊贵的客人，他深感荣幸，但他最高兴的是，当初在罗本岛监狱看守他的 3 名狱警也到场了。随即他邀请他们起身，并把他们介绍给大家。

曼德拉的豁达、宽容，令那些看守了他 27 年的白人汗颜。看着年迈的曼德拉缓缓站起，恭敬地向 3 个曾关押他的人致敬，在场的所有来宾都肃然起敬。

后来，曼德拉告诉朋友，自己年轻时性子很急，脾气暴躁，正是狱中的生活让他学会了控制情绪，这样才活了下来。牢狱岁月使他学会了如何处理自己遭遇的痛苦。他说，感恩与宽容常常源自痛苦与磨难，必须通过极强的毅力来训练。

他说获释当天，自己的心情极为平静："当我迈过通往自由的监狱大门时，我已经清楚，**自己若不能把悲痛与怨恨留在身后，那么我其实仍在狱中。**"

生活中，心胸如曼德拉者，常遇事泰然，面对困厄无惧色，昂首品味生活酸涩，尔后笑看"云开日出"。唯有他们，方可享受更多生命的快乐。

在日常生活中，我们总是牵挂太多，太在意得失，所以才会心绪起伏，患得患失，感受不到快乐的存在。**如果我们在做某件事时能够站在这样的角度去思考：我不是为了怨恨和烦恼而做这件事。这样一来，我们就会为烦恼的心情开辟出一番安详的天地。**

豁达是一种情操，更是一种修养。只有豁达的人，才真正善待自己，善待他人，生活才更加快乐。

开悟箴言

◆豁达是一种超脱，是自我精神的解放。生性豁达的人，未必大富大贵，却能洒脱快乐。

◆豁达的人，不计较一城一地的得失，得之淡然，失之泰然，这样便能成大事。

◆豁达其实很简单，无非是遇事拿得起，放得下，想得开，不计较；遇人则能宽容，善爱人，平等相待。

世上本无事，庸人自扰之

现代人似乎总是有太多烦恼，有太多不快乐的理由，其实，生活中 90% 的烦恼不过是我们自找麻烦。也或许是太不知足，很多人都感慨活得太累，却不曾想到：**生活并无意与我们作对，和我们过不去的一直是我们自己。所谓的烦恼其实只是自己的执著，这世界上并非没有值得快乐的事，只是你的心不肯快乐而已。**

有一天，城郊的寺庙里来了一位富态的中年妇人。据她说，她最近老是失眠，无论面对多么美味的饭菜都没胃口。她浑身乏力，懒得动，做什么事都没有激情，很想了却尘缘，遁入佛门……

方丈是个懂得医术之人，他听那位妇人描述完后，便说："不忙，待老衲先给施主把把脉如何？"妇人点头应允。

切完脉，观完舌苔，方丈微微一笑："体有虚火，并无大碍。"顿了一下，方丈又接着说："只是施主心中藏着太多烦恼而已。"中年妇女一被点醒，心里暗叹神奇，便把心中所有事情逐一向方丈说明。

方丈很随意地跟她聊着："你家相公与施主感情如何？"

妇人脸上有了笑容，说："感情很好，耳鬓厮磨十几年从未红过脸。"

方丈又问："施主膝下有无子女？"

妇人眼里闪出光彩，说："一个小女，很聪明，也很懂事。"

方丈又问："家里的布匹生意不好吗？"

妇人赶忙摇头说："很好，家里的生活算得上是镇上的富人家了……"

方丈铺开纸墨，边问边写，左边写着她的苦恼之事，右边写着她的快乐之事，然后把写满字的这张纸放到妇人面前，对妇人说："这张纸就是治病的药方，你把苦恼之事看得太重了，忽视了身边的快乐。"说着，方丈让徒弟取来一盆水和一只苦胆，把胆汁滴入水盆中，浓绿色的胆汁在水中淡开，很快就不见了踪影。方丈说："胆汁入水，味则变淡。人生何不是如此？施主，**不是您承受了太多的苦痛，而是您不善用快乐之水冲淡苦味啊。**"

世上本无事，庸人自扰之。因为烦恼，一些本可以成为天才的人物正做着极其平庸的工作；因为烦恼，很多人把大量的时间和精力耗费在了无谓的琐事上。世界上没有一个人因烦恼而获得好处，也没人因烦恼而改善自己的境遇，但烦恼却在随时随地损害着我们的健康，消耗着我们的精力，扰乱着我们的思想降低我们的生活质量。精力分散使人无法顾及应该做的事情，思维紊乱会使人失去缜密思考、合理规划的能力。

当我们在为种种苦恼之事感到失落时，快乐其实就在我们身边。**做一个快乐的人并不难，拥有一个幸福的人生也很简单，只要记住三条：不要拿自己的错误惩罚自己，不要拿自己的错误惩罚别人，不要拿别人的错误惩罚自己。**

佛祖在旅途中遇到了一个不喜欢他的人，连续好几天，在好长的一段路上，那个人都在用各种方法诬蔑佛祖，但佛祖从来不跟他计较。最后，佛祖问那个人："若有人送你一份礼物，但你拒绝接受，那这份礼物属于谁呢？"

那个人答："属于原本送礼的那个人。"

佛祖微笑着说："没错。若我不接受你的谩骂，那你就是在骂自己。"

那个人恍然大悟，之后便悻悻地走了。

佛祖的意思是说，只要你对别人给你的烦恼采取不理不睬不接受的态度，那么无论对方如何谩骂你，都影响不了你的情绪，夺不走你的快乐。如果你因此而生气，那就是在用别人的错误来惩罚自己。如果你对此采取不理不睬的态度，就是拒绝了烦恼这份"礼物"，任何人都破坏不了你的好心情。

开悟箴言

◆每个人的心灵深处都有一处快乐的泉眼，等待着我们去发现。

◆拥有快乐心态的人总是做能使自己快乐，或者使他人快乐的事。

◆快乐像一只蝴蝶，你去追逐它，可能总捉不到。当你安静下来，它又会落到你身上。其实，它就在你的心里，等着你去发现它呢。

糊涂一点又何妨

很多人活得太过认真，任何事情都弄得明明白白。但生活中的是是非非很多，我们无法对每件事都做一个明确的交代。那些看似聪明的人其实都很愚蠢，他们总被生活牵着走，为了一点小事就歇斯底里，生气伤身。其实，**做人不妨"糊涂"一些，远离世事纷扰，活的快乐一起，轻松一些。**

有一家很有名的家政学校，开设了一门《婚姻与经营和创意》的课程，主讲老师是学校特地聘请的一位研究婚姻问题的教授。在第一堂课时，他走进教室，把随手携带的一叠图表挂在黑板上，然后，他掀开挂图，上面用毛笔写着一行字：

婚姻的成功取决于两点：一是找个好人；二是自己做个好人。

"就这么简单，至于其他的秘诀，我认为如果不是江湖偏方，也至少是些老生常谈。"教授说。

这时台下开始嗡嗡作响，因为下面有许多学生是已婚人士。不一会儿，终于有一位三十多岁的女子站了起来，说："如果这两条没有做到呢？"

教授翻开挂图的第二张，说："那就变成 4 条了。"

一、容忍，帮助，帮助不好仍然容忍。

二、使容忍变成一种习惯。

三、在习惯中养成傻瓜的品性。

四、做傻瓜，并永远做下去。

教授还未把这 4 条念完，台下就喧哗起来，有的说不行，有的说这根本做不到。等大家安静下来，教授说："如果这 4 条做不到，你又想有一个稳固的婚姻，那你就得做到以下 16 条。"

接着教授翻开第三张挂图。

一、不同时发脾气。

二、除非有紧急事件，否则不要大声吼叫。

三、争执时，让对方赢。

……

教授念完，有些人笑了，有些人则叹起气来。教授听了一会儿，说："如果大家对这16条感到失望的话，那你只有做好下面的256条了，总之，两个人相处的理论是一个几何级数理论，它总是在前面那个数字的基础上进行二次方。"

接着教授翻开挂图的第四页，这一页已不再是用毛笔书写，而是用钢笔，256条，密密麻麻。教授说："婚姻到这一地步就已经很危险了。"这时台下响起了更大的喧哗声。

生活原本是简单的，是我们自己太过计较了，所以变得越来越复杂。太过计较的人总是追着幸福跑，用尽全力也抓不住飘忽不定、转瞬即逝的幸福。每跨出一步，前面意味着什么，我们会得到什么或失去什么，谁也不知道。人未动心已远，何止一个"累"字了得。

20世纪三四十年代，一直敏于行、讷于言的巴金先生，曾受到过无聊小报、社会小人的谣言攻击。对此，巴金先生说过一句话："我唯一的态度，就是不理！"因为受害者若起而反击，"小人"反倒高兴了，以为他们编造的谣言起了作用。

大学者胡适在给友人的一封信中写道："我受了十余年的骂，从来不怨恨骂我的人。有时他们骂得不中肯，我反替他们着急；有时他们骂得太过火，反损骂者自己的人格，我更替他们不安。如果骂我而使骂者有益，便是我间接于他有恩了，我自然很情愿挨骂。"

巴金、胡适都是何等有智慧的人，但他们懂得在适当的时候做个"糊涂"人，面对他人的辱骂睁一只眼闭一只眼，其中所表现出的平静、幽默、宽容实在令人敬佩。

生活本来就已经纷繁复杂，生命本来就已经背负沉重，何必还要斤斤计较，糊涂一点又何妨？只有想得开，放得下，朝前看，才有可能从琐事的纠缠中超脱出来。假如对所经历的每件事都寻根究底，去问一个为什么，那实在既无好处，又无必要，而且破坏了活着的美好。

开悟箴言

◆水至清则无鱼，凡事不能太较真了，别和自己过不去。

◆真聪明与真糊涂只有一步之遥。小糊涂小聪明，大糊涂大聪明，不糊涂不聪明。

◆世间凡事复杂善变，我们不可能把每一件事都区分得清清楚楚，不如糊涂一些，宽容一些，这样反倒更快乐。

己所不欲，勿施于人

现代社会讲究换位思考，就是要多站在别人的角度考虑问题，这样人与人之间才会多一分理解与宽容。

两千多年前，子贡问孔子："有没有一句话可以作为终生奉行不渝的法则呢？"孔子说："其恕乎！己所不欲，勿施于人。"也就是说，自己不喜欢的和不能接受的事情，就不要强加给别人。**凡事都要站在对方的角度来考虑问题，要学会体谅别人，这是做人和处世的根本原则。**

生活中，许多人都有过钓鱼的经历。钓鱼时鱼饵很重要，它的选择不是根据钓鱼者的喜好，而是根据鱼的喜好。世间万物都是相通的，我们在与人交往中，也是喜欢结交了解自己、顺着自己的人。同样，在与他人交往时，我们也应该站在对方的立场上，考虑他们喜欢什么，不喜欢什么。以己度人，推己及人，才能获得别人的尊重，与别人和睦相处。

战国时，梁国与楚国相邻，两国在边境上各设界亭，亭卒也都在各自的地界里种了西瓜。梁亭的亭卒勤劳，锄草浇水，瓜秧长势极好；而楚亭的亭卒懒惰，不事瓜事，瓜秧又瘦又弱，与对面瓜田的长势简直不能相比。楚亭的人觉得失了面子，有一天乘夜无月色，偷跑过去把梁亭的瓜秧全给扯断了。

第二天，梁亭的人发现了这件事，气愤难平，报告给县令宋就，也想过去把他们的瓜秧扯断。宋就说："这样做当然很解气，可是，我们明明不愿他们扯断我们的瓜秧，那么为什么再反过去扯断人家的瓜秧？别人不对，我们再跟着学，那就太狭隘了。你们听我的话，从今天起，每天晚上去给他们的瓜秧浇水，让他们的瓜秧长得好，而且，你们这样做，一定不要让他们知道。"梁亭的人听了宋就的话后觉得有道理，就照办了。

楚亭的人发现自己的瓜秧长势一天好似一天，仔细观察，发现每天早上瓜地都被人浇过了，而且是梁亭的人在黑夜里悄悄为他们浇的。楚国的边县县令听到亭卒的报告，感到十分惭愧又十分的敬佩，于是把这件事报告了楚王。楚王听说后，也感于梁国人修睦边邻的诚心，特备重礼送梁王，既以示自责，亦以示酬谢。结果，从此两个对敌国成了友好的邻邦，两国的人民也快快乐乐地过上了安定的日子。

"己所不欲，勿施于人。"通过自己的切身感受，为他人着想一下，就会了解许多以前不明白的道理。在日常工作和生活中，多问自己一下：我做这件事会有怎样的后果？如果自己能够接受，那么别人也大概能够容忍；如果自己都不能容忍，那么别人肯定也不愿接受。

美国的欧文梅说："一个人若能从别人的角度来看问题，了解别人的心理活动，就永远也不必为自己的前途担心。"我们要学会体谅别人，站在别人的立场来看问题，这样就可以减少生活中的摩擦，人与人之间的关系就会变得更加融洽。

原谅别人也是释放自己的过程

怨恨别人的时候，你会感觉快乐吗？听起来，这是一个很无聊的问题，但却可以让我们深思：怨恨究竟有什么意义？怨恨是一种被动和侵袭性的情绪，它像一个不断长大的肿瘤，使我们失去欢笑，损害我们的健康。**怨恨，更多地伤害了怨恨者自己，而不是被仇恨的人。**

熙熙攘攘的集市上，一位画家在卖自己的画。不远处，走来一位大臣的孩子，孩子在画家的作品前流连忘返，并且选中了一幅。但画家却用一块布把那张画遮盖住，声称那画不卖。因为他认得那位大臣，他的父亲就是被大臣欺诈得心碎而死。

因为没有得到那幅画，大臣的孩子莫名地变得憔悴。为了让孩子高兴起来，孩子的父亲亲自出面表示愿意出高价购买那幅画。可是，画家宁愿把这幅画挂在自己画室里，也不愿意出售。他阴沉着脸坐在画前，自言自语地说："这就是我的报复。"

每天早晨，画家都要画一幅他信奉的神像，这是他表示信仰的唯一方式。

可是现在，他觉得这些神像与他以前画的神像日渐相异。

这使他苦恼不已，他不停地找原因。然而有一天，他惊恐地丢下手中的画，跳了起来：他刚画好的神像的眼睛，竟然像那个大臣的眼睛，嘴唇也是酷似。

他把画撕碎，并且高喊："我的报复已经找到我的头上来了！"

可见，报复会使你的心灵得不到片刻安静，可以把一个好端端的人驱向疯狂的边缘。当你无法忘记心中的怨恨，总是想着报复时，最终受伤的不仅仅是对方，也许还有你。

由此可见，**原谅的实质不但是宽容别人，也是宽恕自己。唯有学着宽恕，忘记怨恨，才能抚慰暴躁的心绪，弥补自己所受的伤害，让你不再纠缠于心灵毒蛇的咬噬中，从而获得心灵的自由。**

很多人一直以为，只要我们不原谅对方，就可以让对方得到教训，也就是说：只要我不原谅你，你就没有好日子过。实际上，不原谅别人，表面上觉得对那人不好，其实倒霉的是我们自己。

"当紫罗兰被脚踩扁的时候，却把芳香留给了它。"这是美国作家马克·吐温给宽容做出的一个最为形象的注解。原谅别人的同时，也是释放自己的过程。但是，我们却常常在自己的脑子里预设了一些规定，以为别人应该有什么样的行为，如果对方违反就会引发我们的怨恨。其实，因为别人对"我们"的规定置之不理就感到怨恨，是一件十分可笑的事。因为我们自己也有很多的缺点，也有亏欠别人的地方。而那些你原来认为最不好的人，也有会一些你没有的优点。所以，要学会看到自己的弱点，看到别人的优点。考虑问题时要试着从对方的角度出发，这样你才能够善待他人，也善待自己。

宽容别人的同时，自己也就把怨恨从心中排除掉了，这样才会怀着平和与喜悦的心情看待人和事，才会带着愉快的心情生活。所以，肯在生活的磨难中逐步学会宽容，能原谅他人的人，心里的苦和恨比较少。容易宽容别人的人，心胸都会比较宽阔的。

不宽恕别人，其实是苦了自己

如果别人伤害了你，你是应该宽恕他，还是应该记恨他？我们总是不由自主地记恨那些伤害我们的人，却不知，仇恨的火焰不仅会烧伤对方，更会烧伤自己。

张三和李四是无话不谈的好哥们儿，大学期间亲如兄弟，毕业后又一起到了同一家公司工作。

有一次，他们一起去拜访一位大客户，事情进展得很顺利，很快就有了初步意向，第二天就可以签合同。两个人非常兴奋，就找了家饭馆喝酒庆祝。结果张三酩酊大醉，一直睡到第二天中午。张三紧赶慢赶，还是迟到了，李四却早已经捷足先登，与客户签了单。

张三非常气愤，跑去找李四算账。李四辩解说，本来他是想等张三一起去签约的，可是左等右等也没见张三来上班，给他电话也没人接听。他怕误了事，就自己去把那个合同签了。张三根本听不进李四的解释，气冲冲地走了。

因为那单大生意，李四顺利地升了职，并一直做到部门经理；而张三则在很长一段时间里，一直是公司的普通业务员。他痛恨李四，决定与他断绝朋友关系。

不服气的张三一直埋头苦干，后来也升了职。可他就是不能原谅李四。李四多次找到他，向他解释并道歉。可是张三对李四总是置之不理，他和李四彻底绝交，拒绝去一切有李四在的场合。只要看到李四那张脸，他就觉得虚伪。可是张三并不快乐，因为他和李四毕竟是在同一家公司，总是免不了有碰面的机会。每到这时，张三就会把头扭向一边，脸色铁青，哪怕一秒钟前他还在捧腹大笑。

这样的状况持续了好几年，张三的心里越来越难受。他不明白，本来犯错的是李四，要受到心灵惩罚的应该是李四，怎么到最后竟成了自己？他受不了内心的折磨，去做了心理咨询。医生告诉他，这是因为他有太多的恨。一个人内心装满了仇恨，就会不快乐。

"那我该怎么办？"张三说，"要我原谅他？"

"为什么不能呢？这几年来，你一直在放大这种仇恨，而当一种仇恨在心中被无限放大，就会变得根深蒂固。你想，心中被仇恨占满了，快乐还有安身的地方吗？你原谅他曾经的过错，其实也是对你的一种解脱。"医生循循善诱地说。

张三犹豫了很久，还是鼓起勇气跟李四交流了一下。结果，多年的积怨一扫而光，他们再次成了朋友。张三这才觉得李四好像并不像他想的那样卑鄙，事实或许真像李四解释的那样，一切都只是误会。但不管怎样，张三原谅了他，同时也解脱了自己。

卸下了心里的负担之后，张三的工作更加出色，并再次升了职。

仇恨会让我们心烦意乱、寝食难安，甚至导致疾病和死亡。仇恨不仅没有打击到我们的敌人，反而将我们自己的内心摧残。**因此，我们要明白真正促使我们成功让我们坚持到底的，常常是那些折磨我们，给我们带来麻烦与不快的人**。所以要学会忘记仇恨，感谢那些忻磨自己的人，是他们让我们不懈怠，永远保持拼搏的斗志。

只有能容纳对手，才能得到世界。仇恨是源于过去被伤害的不愉快的记忆，人们之所以要记住那些事情，就是为了防止不愉快的事再度发生，避免再次受到伤害。可是。如果一定要把过去的伤痛加诸于现在，我们便永远走不出过去的阴影，永远也抹不去曾经的伤痛。久而久之，便形成了狭隘的仇恨心理。而一旦**我们原谅了曾经伤害过自己的人，我们的生活就会变得轻松愉快起来，重现生机。**

当别人伤害我们时，我们记住的只能是事情，而不应该是仇恨。记住事情我们便有了前车之鉴，不记仇我们才能忘记忧愁，心情舒畅。

开悟箴言

◆宽容和忍让的痛苦，能换来甜蜜的结果。

◆能容人处且容人，原谅那个曾经伤害你的人，你的世界便会永远充满阳光。

◆英国诗人济慈说："人们应该彼此容忍，每个人都有缺点，在他最薄弱的方面，每个人都能被切割捣碎。"

第六章
变通的智慧
——打开自己人生的另一扇窗

> 圣哲曰："变则通，通则久。"当你用一种方法思考一个问题或从事一件事情，遇到思路被堵塞之时，不妨另用他法，换个角度去思考，换种方法去尝试，也许你就会茅塞顿开、豁然开朗，必要的时候学会绕道而行，迂回前进才是人生的大智慧。

人生处处有死角，适时转弯见通途

从小到大，我们接受的都是这样的教育：人贵有恒，坚持就是胜利。无论家长还是老师，最常对我们说的话就是：半途而废只会一事无成，坚持到底才能有所收获。然而，坚持真的就会胜利吗？

有个年轻人，他梦想着能成为作家，并坚持为此努力。十多年来，他每天至少写 500 字。写完之后又用心地加工润色，然后再充满期待地寄往各地的报纸杂志。遗憾的是，尽管他很用功，可他从来没有一篇文字得以发表，甚至连一封退稿信都没有收到。

后来，他终于收到了一封来自某杂志社的信，他激动地拆开信封，遗憾的是，这是一封退稿信。信中写道：多年以来，你一直坚持给我们杂志投稿，首先我要感谢你的支持。但我不得不告诉你，虽然你很努力，但你的知识面过于狭窄，生活经历也显得过于苍白，你所写的东西还是没能达到可以发表的水平。不过，我从你多年的来稿中发现，你的钢笔字越来越出色……

看完信，他很难过，决定放弃写作。以后做什么呢？他觉得自己失去了奋斗的目标。正在苦恼的时候，他想起来了那位编辑的话："你的钢笔字越来越出色"。于是，他又把自己的精力放在了练习钢笔书法上，果然长进很快，后来，他成了一位有名的硬笔书法家。

有很多人，他们并非不努力也并非不勤奋，但就是暂时与成功无缘，其中一个很大的原因就是他们只知道在一件事上执著到底，却不懂变通，撞得头破血流也不回头。其实，**一个人要想成功，理想、勇气、毅力固然重要，但更重要的是，在错综繁复的人生路上，要懂得舍弃，更要懂得适时转弯！**

俗话说："山不转，路转；路不转，人转。"《圣经》上也有这样的记载："上帝关上了这扇窗，必会为你开启另一道门。"的确，**天无绝人之路，发现此路不通就要及时转弯，总有一条路会通向成功。**

很多人都喜欢"王致和"臭豆腐那种独特的口味，但却很少有人知道，这闻名遐迩的臭豆腐的诞生还有一段故事。

王致和本是个读书人，康熙年间，他赴京应试。不幸落第后，只好留在京城，一边继续读书，一边学做豆腐谋生。可是，他根本没有做生意的经验，有一次做的豆腐太多了，剩下不少，只好用小缸把豆腐切块腌好。日子一长，他竟把这缸豆腐给忘了，等想起来时，腌豆腐已经变成了"臭豆腐"。王致和十分恼火，正欲把这"臭气熏天"的豆腐扔掉时，转而一想，虽然臭了，但自己总还可以留着吃吧。于是，就忍着臭味吃了起来，让他觉得奇怪的是，臭豆腐闻起来虽有股臭味，吃起来却非常香。

于是，王致和便拿着臭豆腐去给自己的朋友吃。好说歹说，别人才同意尝一口，没想到，所有人在捂着鼻子尝了以后，都赞不绝口，一致公认此豆腐美味可口。王致和便改行专门做臭豆腐，之后生意越做越大，影响也越来越广，后来，连慈禧太后也慕名前来吃他的臭豆腐，并对其大为赞赏。

从此，王致和与他的臭豆腐身价倍增，还被列为御膳菜谱。直到今天，许多外国友人到了北京，都还要品尝王致和臭豆腐。

人生不会一路通途，难免会遇到过不去的死角，只要我们不拒绝变化，必要时勇敢地转个弯，选择新的目标或探求新的方法，就能走出困境，进入新的天地。

开悟箴言

◆人生没有绝境，希望总在转角处。

◆年轻的时候，总以为努力就可以成功，前进才是唯一的路。其实人生的道路也可以转个弯，换个角度来看世界，人生会有所不同。

◆人生如棋，变幻莫测，既要有执著于目标的勇气，又要懂得灵活变通。有时候，在险境面前，不妨明智地后退一步，可能就会化险为夷。

世上没有走不通的路，只有想不通的人

犹太人说，在这个世界，卖豆子的人应该是最快乐的，因为他们永远不必担心豆子卖不完。假如他们的豆子卖不完，可以拿回家去磨成豆浆，再拿出来卖给行人。如果豆浆卖不完，可以制成豆腐。豆腐卖不

成，变硬了，就当做豆腐干来卖。而豆腐干卖不出去的话，就把这些豆腐干腌起来，变成腐乳。

还有一种选择是：卖豆人把卖不出去的豆子拿回家，加上水让豆子发芽，几天后就可改卖豆芽。豆芽如卖不动，就让它长大些，变成豆苗。如豆苗还是卖不动，再让它长大些，移植到花盆里，当做盆景来卖。如果盆景卖不出去，那么再把它移植到泥土中去，让它生长。几个月后，它结出了许多新豆子。一颗豆子现在变成了上百颗豆子，想想那是多划算的事！

一颗豆子都可以有无数种选择，一个人更是如此。**当你发觉前路不通的时候，不必气馁，不要放弃，"条条大道通罗马"，世界上没有走不通的路，只有想不通的人，只要稍加变通，就会有美好的明天。**

在太平洋上有一座风景优美的小岛，蔚蓝的天空、温暖的阳光、洁白的沙滩、清澈的海水……唯一的缺点是：这里土壤松软，连帐篷都支不起，更没办法建旅游设施，所以，这样一个旅游胜地就荒废起来。

后来，一位商人来这个小岛上考察，他觉得这样好的条件如果不开发出来真是太可惜了，可是，怎么解决土壤过于松软的问题呢？他思考了很久，突然想到：既然在岛上没法建建筑物，那能不能变通一下，在海里建呢？为了论证自己的想法的可行性，他请来了专家，对岛边的浅水区进行勘察，结果令人惊喜：岛边的浅水区下有坚硬的珊瑚礁，完全能够支撑建筑平台。于是，这位商人在海中建立起了旅馆、商店等相关的旅游设施。此后，游人蜂拥而至，商人也因此获得了大量财富。

岛上无法做建筑，那就在海里做建筑，这看起来简单，但又有几个人能想到呢？那位善于变通的商人却想到了，所以，他做到了别人做不到的事。

有个人的房子建在热闹的街角，仅靠街角的地方是一块草地，这个人非常喜欢这块草地。但让他气愤的是，每天上学放学的时候，附近学校的学生们都会抄近路从这块草地经过，没多久，草地上就被踩出了一条泥路。

为了解决这个问题，他绞尽脑汁，想尽了办法。开始，他在草地旁边竖了一块"禁止通行"的牌子，但孩子们视而不见；后来他养了一条狗看护草地，可孩子们喂零食给那条狗吃，甚至与它成了朋友；他还尝试过重新播草籽、铺草地、竖篱笆……但是问题始终没有解决。最后，他决定卖掉这座房子。

不过，事情并没有这样结束。某天，正当他站在草地上考虑卖房子事情的时候，房外墙上的砖头给了他灵感。既然无法阻止，何不在那条踩出来的泥路上铺上砖头，把它变成一条永久的路呢？他真的这样做了，从此，这条小道成为了学生们"合法"的捷径，他也终于卸下了积压多年的包袱。

不过是简单的变通，故事中的人不仅成全了孩子，自己也享受了快乐，这就是变通的魔力。

此路不通，那就另辟蹊径。善于变通的人能够以敏锐的思维找到问题的症结，寻找更好的方法来获得最佳结果。所以，在追求目标的过程中，懂得变通的人通常会比因循守旧的人更能找到做事的捷径，以较少的代价获得更大的成功。

所以，当遇到走不通的路，就要换个角度考虑问题，重新去把握机会。在人生的每一个关键时刻，都要审慎地运用智慧，做最正确的判断。

开悟箴言

◆生活的最大成就是不断地改造自己，以使自己悟出生活之道。

◆对于善于变通的人来说，世界上不存在困难，只存在暂时还没想到的方法。

◆"你可以超越任何障碍。如果它太高，你可以从底下穿过；如果它很矮，你可以从上面跨过去，总会有办法的。"

愚人才会过度的坚持

有这样一种现象：如果把一只蝴蝶困在一个房间里，它会拼命地飞向玻璃窗，但每次都碰到玻璃上，在上面挣扎好久。恢复神志后，它会在房间里绕上一圈，然后仍然朝玻璃窗上飞去，当然，它还是"碰壁而回"。

其实，旁边的门是开着的，只因那边看起来没有这边亮，所以蝴蝶根本就不会朝门那里飞。追求光明是多数生物的天性，它们对于光明的执著甚至可以说是偏执，为了光明它们常常不惜以生命为代价，人也同样如此。但是从碰壁而回的蝴蝶身上，我们可以得到这样的启示：**有时，为了达到目的，绕道而行反而会更快地使我们如愿以偿；相反，无谓的坚持则会让我们永远在尝试与失败之间兜圈子。**

某公司研制出一种新产品，为了测试这种产品能否被顾客接受，以决定是否大批量投入生产，所以，他们选定了一个地区作为产品的实验场。他们在那个地区设立了一个办事处，一段时间过去了，收到的测试效果非常不理想。

公司召开会议，讨论如何才能打开市场。有人说是产品本身有问题，顾客不容易接受，不如放弃这种产品；也有人说要加大该产品的促销力度，以求薄利多销；还有人说要从产品的研发环节做文章，让该产品更符合顾客需求……众说纷纭，争执不下。这时，有个人低声说了句："何不换个市场试一下呢？"一语惊醒梦中人，大家都恍然大悟："是啊，何必一定要在那个市场做无谓的坚持呢？"这个市场不行，就换一个市场再试，这是最简单成本最低的办法。

有些事情，你越坚持可能越会将自己置于进退两难的境地，这时候，最明智的办法就是抽身退出，寻找其他的方法和机会。

两个贫苦的樵夫靠着上山捡柴糊口，有一天他们在山里发现两大包棉花，两人喜出望外，棉花价格高过柴薪数倍，将这两包棉花卖掉，足可供家人一个月花费。当下两人便各自背了一包棉花，欲赶路回家。

走着走着，其中一名樵夫眼尖，看到路上扔着一大捆布，走近细看，竟是上等的细麻布，足足有十多匹之多。他欣喜之余，和同伴商量，一同放下背负的棉花，改背麻布回家。

他的同伴却有不同的看法，认为自己背着棉花已走了一大段路，到了这里丢下棉花，岂不枉费自己先前的辛苦，所以坚持不愿换麻布。先前发现麻布的樵夫屡劝同伴，但同伴不听，只得自己竭尽所能地背起麻布，继续前行。

又走了一段路后，背麻布的樵夫望见林中闪闪发光，待近前一看，地上竟然散落着数坛黄金，心想这下真的发财了，赶忙邀同伴放下肩头的麻布及棉花，改用挑柴的扁担挑黄金。

同伴仍是那套不愿丢下棉花，以免枉费辛苦的论调，并且怀疑这些黄金不是真的，劝他不要白费力气，免得到头来空欢喜一场。

发现黄金的樵夫只好自己挑了两坛黄金，和背棉花的伙伴赶路回家。走到山下时，突然下起了一场大雨，两人在空旷处被淋了个湿透。更不幸的是，背棉花的樵夫背上的大包棉花，吸饱了雨水，重得无法再背动。樵夫不得已，只能丢下一路辛苦舍不得放弃的棉花，空着手和挑黄金的同伴回家去。

坚持固然是一种良好的品性，但在有些事上过度的坚持却无异于愚蠢。所以，**在遇到问题时，我们应该灵活地运用智慧，做出最正确的判断。**同时，还要随时检视自己选择的角度是否产生偏差，适时地进行调整，而不是盲目地坚持。因为，无意义的坚持不仅不会通往成功，还会让我们多走弯路。

开悟箴言

◆ 坚持自己的意见不肯变通会让你失去很多机会，只有学会随机应变，才能少犯错误，多出成绩。

◆坚持是一座灯塔，在黑暗中，它能让你感到光明与希望；变通是一双翅膀，在山穷水尽时，它能带你展翅飞翔的力量。

◆世上没有亘古不变的真理。在坚持梦想的同时，不要忘了带上"变通"的翅膀！只有这样，我们才能更容易地到达成功的彼岸！

偏执的人，上帝也无法拯救

有一位受人尊敬的牧师，他对上帝非常虔诚。一次，突然天降暴雨，倾盆大雨连续不停地下了 20 天，水位高涨，迫使牧师爬上了教堂的屋顶。但他并不害怕，因为他相信自己一直按照上帝的旨意做事，上帝会来救他的。于是他先后拒绝了好几个人帮助，最后被淹死了。

死后，因为他是一个好人，所以直接升入天堂。他对自己的遭遇颇为生气，便向上帝质问道："我那样虔诚地相信你，一直按照你的旨意做事，是你忠实的信徒，但当我最需要你帮助的时候，你却不理不睬，让我淹死了。"

上帝并没有计较他的态度，微笑着说："哦！神父，请原谅，我确信我派去了好几个救你的人，可是都被你拒绝了，是你的偏执害了你。"

偏执的人通常有这样几点特征：他们非常敏感，一旦受到一点伤害就久久不能释怀；他们听不进别人的意见，常常一条道走到黑；他们会对自己认定的事坚持到底，不管这种坚持是否有意义；他们大多自以为是，认为自己是最好的，最正确的；他们总是过多、过高地要求别人，却不信任别人的动机和愿望；他们不能正确、客观地分析形势，有问题易从个人感情出发，主观片面性强。**偏执的人往往被自己认定的事**

牵着鼻子走向死胡同，却不知道回头，这样的固执是很愚昧的。

在电视上看过一个这样的节目：一个喜欢画画的年轻人，他认为自己在绘画方面非常有天赋，肯定能成为一代名家。因此，大学毕业之后，他并没有工作，而是待在家里继续自己的绘画梦想，所有的生活费用都来自于年迈的双亲。

后来，年轻人和一个女孩相爱了，女孩喜欢他的画，无条件的支持他。随着感情的升温，他向女孩求婚了。

女孩说："我可以答应嫁给你，也可以什么都不要，但有一个要求，那就是：你要有能力养活自己。你可以不养我，以后也可以不养我们的孩子，我只求你能养活你自己。"

谁知，就是这样一个并不过分的要求，他也没法答应。他拒绝的振振有词："我的梦想是画画，对我来说这是最重要的事，不可能放弃。"

女孩说："我不反对你画画，我只是要你找一份工作，不可能我们结婚之后，家和你全要我来养吧。"

年轻人还是不同意："我不用你养我，我的父母可以养我。"

女孩显得很无奈："难道你的父母可以养你一辈子吗？你的画从来没有被别人认可过，更没有卖出过一张，你不觉得你这样的偏执很没有意义吗？"

"那是他们不懂艺术，不懂欣赏，很多名家不也是在死后才得到认可的吗？"年轻人态度倨傲。

"那对不起，我不想做你背后的女人，我想要一个正常的家庭和一个懂得担当责任的丈夫，我们分手吧。"女孩哭着走了。

主持人对留在场上的年轻人说："一个人追求自己的梦想本来没错，但是作为一个成年人，我们首先应该做到的是承担起赡养老人和照顾家庭的责任。如果你的梦想与这些发生冲突，那么你的坚持就称不上坚持，而是毫无意义的偏执。"

偏执就是钻进了不懂变通的牛角尖，有这种心理的人往往走极端，还自以为是。分明是自己做错了，却总觉得别人不对；当自己不能和别人取得一致意见时，从来不反思自己的对错，而总是去探究别人做错了什么。

成功需要坚持，但这必须是建立在方向正确的前提下。如果开始的方向就出现了偏差，那么坚持就成了偏执，需要及时变通，不钻牛角尖，不一条道走到黑，随时随地接纳更好的观点和方式，也是人生应该掌握的智慧。

开悟箴言

◆ "明智的人使自己适应世界，不明智的人坚持要世界适应自己。"

◆ 偏执的人往往容易把人生打成死结，伤害自己，也伤害他人。

◆ 人在生活中一定要学会变通，不要一味地坚持自己认为正确的道路，有时候换一个方向，天地会更开阔。

与众不同，才能脱颖而出

美国石油大亨洛克菲勒曾说过：**"如果你要成功，你应该朝新的道路前进，不要跟随被踩烂了的成功之路。"** 跟在别人的后面跑，只能吃别人的剩饭；要想胜人一筹，就要另辟蹊径。与众不同是成功者特有的一种思维模式。下面的故事中，罗伯特本是个穷人家的孩子，但他靠着自己与众不同的创意，成为了全世界最有钱的年轻人之一。

罗伯特在大学三年级时就退学了，然后在家乡销售自己制作的

"软雕"玩具娃娃，同时在家附近的一家礼品店上班。命运的转机出现在一个乡村集市的工艺品展销会上。罗伯特在展销会上摆了一个摊位，将他的玩具娃娃排好，一边不断地调换拿在手中的小娃娃，一边向路人介绍："她是个急性子的姑娘，她不喜欢吃红豆饼"等等。就这样，他把娃娃拟人化，不知不觉中做成了一笔又一笔的生意。

没想到，后来有一些买主给罗伯特写来信件交流。看到这些信件后，一个想法在罗伯特脑海中形成了：何不把这些玩具当成自己的孩子，赋予他们性格和灵魂呢？想到就开始做，罗伯特开始给每个娃娃取名字，还写了出生证书并坚持要求"未来的养父母们"都要做一个收养宣誓，誓词是："我某某人郑重宣誓，将做一个最通情达理的父母，供给孩子所需的一切，用心管理，以我绝大部分的感情来爱护和养育他，培养教育他成长，我将成为这位娃娃唯一的养父母。"这样，这些玩具娃娃就不仅仅是玩具，而是凝聚了人类的感情在内。

如此与众不同的特质使这些玩具娃娃吸引了大批顾客，销售额一下激增到 30 亿美元。

只是一个小小的变化，罗伯特就获得了成功。所以，**与众不同会让你在芸芸众生中脱颖而出，从某种意义上说，与众不同就代表着成功。**这是每个人都应该明白的道理。当然，并非所有与众不同的想法或者做法都一定会为你带来好处，如果你的与众不同只是故作姿态的特立独行或者毫不成熟的标新立异，那你就会为自己的错误付出高昂的代价。**与众不同不仅仅是与他人不一样的想法或做法，这其中必须要有智慧的参与。**

减肥是一个历久常新的话题，也是很多年轻人最感兴趣的话题。减肥的方法也是五花八门、奇招倍出，下面就是一个关于减肥的故事，其中的减肥方法可谓独辟蹊径、创意十足。

有家减肥中心，生意非常红火。有个胖男人减肥多次，但均告失败，于是抱着试试看的态度来到这家减肥中心，寻求减肥方法。奇怪的是，教练只是记下了他的地址，然后告诉他：回家等着吧，明天自会有人告诉应该怎样做。

胖男人很疑惑地回家了。第二天一早，一个性感漂亮的年轻女人敲开了他的门，告诉他：教练说了，只要你能追上我，我就是你的。胖子信以为真，非常高兴，从那以后每天早上都在女人后边狂追。

就这样坚持了几个月，胖子逐渐瘦了下来，他早就忘了这是减肥，只是一门心思想着要把那姑娘追到手。直到有一天，胖子心想：今天我一定能追到她了。于是他早早起来在门口等着，但等来的却不是那位姑娘，而是一位同他以前一样胖的女士。

胖女士对他说了相似的一句话："教练说了，只要能追到你，你就是我的。"

看完这个故事，相信很多人都会敬佩那个聪明的教练，正是他与众不同的方法才让慕名而来的人们收到了减肥的奇效。

其实，很多成功者并非学识渊博、智力超群，他们最大的本事只是同故事中的教练一样，拥有与众不同的思考方式，绝不循规蹈矩，他们更善于从一件普通的事情中发现独特的、能够更快更多地获取财富的因素，仅凭这一点，他们就比别人更容易成功。

跟在别人后面跑，可能会少一些风险，但你只能捡别人剩下的东西。要想走在别人前面，就要拥有迥异于他人的智慧和思想，善于独辟蹊径才能胜人一筹。只要你有与众不同的思维，你就有了成功的最大筹码。

开悟箴言

◆成功之路只有一条，就是与众不同。

◆我们要成功的话，必须有自己独到的见解和理由，创造自己的相对优势，必须与众不同。

◆世界因为不同，所以丰富多彩。做人也一定要与众不同，走自己的路，做最好的自己。

跌倒也是一种收获

人这一生不尽是坦途，面对坎坷崎岖，我们难免摔倒，但即使摔倒，也不要忘记抓一把沙子在手里，只有这样才有摔倒的意义。

山本先生从年轻时就在一所中学当校工，尽管薪水非常少，但他非常满足，认真地干了几十年，他以为自己一辈子就这样平平淡淡的过去了。谁知道，就在他快要退休的时候，事情发生了变化，新上任的校长认为他"连字都不认识，却在校园工作，太不可思议"，就将他辞退了。

山本先生觉得很不公平，但也没办法，只好苦恼地离开了自己工作了大半辈子的地方。到了吃晚饭的时候，他像往常一样去买香肠，快到那家常去的食品店门口时，他才猛地想起来——小店的老板已经去世了，他的食品店也关门多日了。而不巧的是，附近街区竟然没有第二家卖香肠的。忽然，一个念头在他的心头闪过——我为什么不开一家专卖香肠的小店呢？他很快拿出自己仅有的一点积蓄接手了那家食品店，专门卖起香肠来。

因为山本先生灵活多变的经营，他获得了巨大的成功。五年后，他成了名声赫赫的熟食加工公司的总裁，全国各地都有了他的香肠连锁店。一天，当年辞退他的校长得知这位著名的董事长只会写不多的字时，便打来电话称赞他："山本先生，您没有受过正规的学校教育，却拥有如此成功的事业，实在是了不起。"山本先生由衷地回答，"说起来，我还要感谢您当初辞退了我，让我摔了个跟头，从那之后我才知道自己除了做校工，还能干更多的事情。"

山本先生的故事告诉我们：**跌倒并不可怕，关键在于我们如何面对跌倒这件事。**如果我们经受不住跌倒的打击，悲观沉沦，一蹶不振，那么跌倒便成了我们前进的障碍和精神的负荷。**如果我们将跌倒看成是一笔精神财富，把跌倒的痛苦化作前进的动力，那么跌倒就是一种收获。**

英格玛·伯格曼是瑞典有名的电影大师，也是对现代电影最具影响力的导演之一，但他也曾有过跌倒的经历。

1947 年，出道不久的伯格曼完成了第一部电影的拍摄。当时的他自我感觉棒极了，认定这是一部杰作。于是，过于自信的他没有经过试映就匆忙首映了，结果却因为拷贝出现问题，播放电影的过程糟糕透了。

遭受了重大打击的伯格曼在酒会上将自己灌得不省人事，次日，他在一幢公寓的台阶上醒来，看着报纸上惨不堪言的影评，他觉得自己完了。这时，他的朋友却轻描淡写地说了一句话："明天照样会有报纸。"

这句话对于伯格曼来说就像照进心灵的一束阳光，让他豁然开朗。是啊，明天照样会有报纸，冷嘲热讽很快都会过去，只要你努力争取，明天的报纸上就会为你写下最新最美的内容。

从那以后，伯格曼吸取了教训。在新电影的制作中，只要有空就去录音部门和冲印厂，他学会了与录音、冲片、印片有关的一切，还学会了摄影机与镜头的知识。从此再也没有技术人员可以唬住他，他可以随心所欲地达到自己想要的效果。一代电影大师就这样成长起来了。

有人把跌倒看做失败，其实只要换个角度来看，**跌倒虽然给我们短暂的痛苦，却能让我们收获经验和教训，让我们真正了解这个世界，也让我们重新认识了自己。**

跌倒是一种打击，可能会将你击倒在地，但你千万不要就此一蹶不振。相反，你应该勇敢地站起来。因为当你站起来之后，就会发现：**跌倒的经历只是人生一种有益的积累，只要及时站起来，你依旧可以顶天立地。**

开悟箴言

◆一个宣称从未失败的人，只是因为他从未真正尝试着去开拓事业。

◆人生若是一场战斗，那么这场战斗值得我们全力以赴。休息，是为了重新出发，是为了走更远的路，是为了在下一回合的挑战中挥出漂亮的一击。

◆人活在世界上，不可能一帆风顺，每个成功的故事里都写满了辛酸与挫败。敢于正视失败，能以正确的态度面对失败，不退缩，不消沉，不迷惑，不脆弱，才能有成功的希望。

找到对手的弱点，你就能战胜他

就像每座城堡的墙壁上都会或多或少地有裂缝一样，每个人也都有自己的弱点。弱点通常是一种不安全的、不可控制的情绪或者需求，它也有可能是一个小小的隐秘的喜好。**在与人交往的过程中，不管是哪一种情况，一旦你找到对方的这个弱点，它就有可能成为你牵制对方的筹码。**

要想找到一个人的致命弱点或软肋所在，首先就要摸清他的底细，将其看个清清楚楚，明明白白。

西汉时期，赵广汉为京兆尹，是京城长安的父母官。

赵广汉刚上任时，长安的治安形势一度陷入混乱，百姓遭受迫害的事时有发生，官匪勾结十分猖獗。面对如此严峻的状况，赵广汉决心整顿，但他刚刚上任，并不熟悉此中内情，想打击犯罪，也不知从何下手。更何况情况不明，乱下重手只会引起混乱。于是，他先让信得过的属下暗中侦察，把盗贼的踪迹摸清。表面上却故作轻松，没有更深的戒备，盗贼们以为赵广汉跟之前的官员一样，于是放下心来，放胆胡为。一时之间，盗贼蜂拥而出，长安形势更坏。

朝中大臣上书指责赵广汉失职，汉宣帝也怒气冲冲地质问赵广汉："朕深居宫中，都听说了城外盗贼横行之事，你有何交代吗？"

赵广汉如实像皇上作了汇报，说了自己的打算。汉宣帝听罢，便没再责怪赵广汉。不久之后，已经全然掌握贼情的赵广汉四面出击，每击必中，长安盗贼很快就被肃之一空。

在摸清盗贼的底细之前，赵广汉绝不会贸然行事，打草惊蛇。只有将一切情报了然于心，时机完全成熟，才果断出击，从而一击奏效。

如果遇到对手，不用硬拼。把对手的底细摸透，将他的弱点了如指掌，始终是战胜对手的一个重要前提。一个人的实际状况是不会轻易显现的，这需要耐心细致的调查和取证才能搞清。没有底牌可出的对手是最脆弱的，在他们的要害处轻轻一击，也就致命了。清楚他们的虚实，便会掌握他们的动态，从他们的弱点下手，被动的就不会是自己。

当然，掌握了对手的致命弱点，还要善加利用，以驱使他为自己做事。

武则天在夺权的道路上，可谓不择手段、煞费苦心，唯计个人私利。她对唐高宗李治不加重用的没有品行的人，反是另眼相看，收为亲信。巧妙地利用他们的弱点，为自己办事。

李义府虽有文才，但为人奸诈、邪巧多方，长孙无忌看透了他的本性，曾多次对唐高宗进谏说："有才无德之人，最能制造祸端，臣见李义府貌似忠厚，实乃奸诈，陛下对此人不可不防。"

唐高宗最初本想重用李义府，但长孙无忌多次提醒，便渐渐疏远他了。后来，长孙无忌找了一个借口，将他贬为壁州司马。

李义府听说此事后，坐立不安，十分惊恐，向王德俭请教自救之策，接着按其主意向唐高宗上书，建议册立武则天为后。李治感念其情，便让他恢复原职。武则天知晓此事，大喜过望，对自己的心腹说："李义府如此知趣，此人当可大用，我是不会亏待他的。"

武则天的心腹深知李义府的为人，便不屑地说："李义府如此行事，并非真心为娘娘效忠。他这个人有才无德，善于见风使舵，娘娘一定要提防他才好，怎可重用他呢？"

武则天闻言即笑，慢声说："他不如此，我又怎会从中得利？这样的人若巧加利用，自会死心塌地地为我卖力，我是求之不得啊。"

武则天当上皇后后，立即建议高宗提升了李义府的官职，让他官拜中书侍郎，封广平县男。李义府贪欲得逞，从此为武则天处处卖命，成了她的得力干将。

任何人都有他的弱点，只要细心观察肯定都会发现。要想战胜一个人，抓住他的弱点是最有效的方法。所以，在与对手较量时，硬拼是最笨的，不如绕个圈子找到他的弱点，这样才能收到事半功倍的效果。

开悟箴言

◆战胜对手，其实就是战胜对手的弱点。

◆如果将对手看做是我们攻击的目标，那么其弱点就是我们能够取得胜利的突破口，就比如医生看病时的"对症下药"。

◆许多时候，获胜是来自于对手的失误。对手失误越多，你获胜的几率就越大；当对手在关键的地方出现失误时，你获胜的机会就来了。

第七章
地低成海，人低成王
——学会低调的智慧，保持一颗平凡心

> 敢于低头、适时认输是成大事者的一种人生态度，他们在后退一步中潜心修炼，从而获得比咄咄逼人者更多成功的机会。低头并不是自卑，认输也不是怯弱，当你明白了低头认输的智慧，当你从困惑中走出来时，你会发现，一次善意的低头，其实是一种难得的境界。

承认自己的伟大，就是认同自己的愚蠢

有一位骁勇善战的将军，每次战斗中都是主动留下来断后，人们都很敬佩他的勇敢，将军却很谦虚地说："不是我有多么勇敢，而是我的马走得太慢。"他把自己的无畏行为说成是由于马走得太慢，但这并不能抵消他在人们心目中的英雄形象。

那些真正有智慧的人，都能够很好地摆正自己的位置，面对赞美和荣誉，他们能够谦虚地低下头。相反的是，总有那么一些人喜欢认同自己的伟大，他们很容易就陷入一种莫名其妙的自我陶醉之中，变得自高自大起来，他会无视所有人对他的不满和提醒，对一切功名利禄都要

捷足先登，这样的人永远也得不到人们对他的理解和尊重，实际上，他们才是世界上最愚蠢的人。

我们的很多烦恼正是来自于我们那颗狂妄自大的心。狂妄自大的人自以为是，头脑容易发热，他们往往充满梦想，只相信自己的智慧和能力，坚信只有自己才是正确的；他们从来不接受别人的意见和劝告，认为采纳了别人的意见就等于是对自己的否定和贬低；他们从来不肯低下那颗高昂的头，他们喜欢用不可一世的架势来显示自己伟大的魄力和气度。这些人其实是典型的外强中干，他们的固执恰恰证明了他们并不是真正的强者，正因为心虚，所以他们才不愿服输。可是，**人们尊敬的是那些脚踏实地干实事的人，而不是自吹自擂的谎话专家。**

其实越伟大的人越懂得低头，人们也越会敬重他。

石油大王洛克菲勒在候车室等车时，被一位胖太太差遣帮她提行李，还付给了洛克菲勒 1 美元的小费。当她知道自己面前的人就是鼎鼎有名的洛克菲勒时，连忙道歉，并诚惶诚恐地请洛克菲勒把那 1 美元小费退给她。洛克菲勒却说"太太，你不必道歉，你根本没有做错什么。而且，这 1 美元是我挣的，所以我收下了。"说着，洛克菲勒把那 1 美元郑重地放进了口袋里。

真正伟大的人是那些有不平凡的作为却仍然像平凡人一样生活着的人，他们不会因为自己腰缠万贯就鄙视穷人，更不会因为自己身居高位就盛气凌人，他们从来不会四处炫耀自己是如何成功和发迹的，也不会一掷千金来显示自己的富贵奢华，更不会着锦衣华服来标榜自己的与众不同。**在他们心里，从来不觉得自己有任何伟大之处，而这，恰恰就是他们最伟大的地方。**

小区里住着一对老年夫妇，他们都已经头发花白，穿着非常朴素，甚至可以说是寒酸。但他们都是很干净利索的人。每天早晨，他们都会一起外出锻炼，然后买菜回家。晚上吃过饭后，再出去散会步。看起来，他们和其他的老人没有什么不同，简直是普通极了。

一次与邻居聊天时才听说，原来这两位老人都是退休的大学教授，享受政府津贴。他们教出的学生遍布全国各地，每到逢年过节，看望他们的人都是络绎不绝，其中不乏高官、富豪。他们的子女也都有一番作为：儿子留学美国，女儿在国内某大型研究机构是高级工程师，一直想把他们接到身边照顾。可是他们离不开自己工作了几十年的学校，现在他们还是在带学生、搞科研。在生活上，他们非常节俭，家里的东西一用就是几十年，不到破的实在不能用了不会换新的。他们从来没有穿过什么昂贵的衣服，即使参加一些高级别的学术会议，也跟平时没有什么两样。可是，他们却舍得拿出钱来资助贫困地区的学生，平时遇到需要帮助的人也从不吝啬……

　　我们每个人的身边可能都会有这样的人，他们看上去平凡至极，他们从不张扬，更不会自我标榜，但他们却是真正伟大的人；我们身边也经常会有这样的人，他们经常把自己的"丰功伟绩"挂在嘴边，唯恐别人不知道自己的"光荣事迹"，他们努力地在别人面前显示自己的尊贵，但在别人眼里，他们却是最愚蠢的人。

开悟箴言

◆一切真正的伟大的东西，都是淳朴而谦逊的。

◆世上凡是有真才实学者，凡是真正的伟人俊杰，无一不是虚怀若谷、谦虚谨慎的人。

◆真正伟大的人就像田野上的麦穗。麦穗空瘪的时候，它总是昂着骄傲的头；麦穗饱满而成熟的时候，它又会低垂着脑袋。

一颗谦逊的心是自觉成长的开始

苏格拉底是古希腊著名的思想家、哲学家和教育家，鉴于他取得的辉煌成就，有人问他是否生来就是超人，苏格拉底却说："我并不是什么超人，我和平常人一样。只是有一点不同，我知道自己无知。"这就是谦逊。**一颗谦逊的心是自觉成长的开始，有一个成语叫"虚怀若谷"，就是说胸怀要像山谷一样虚空。只有空，你才能容得下其他。**一个人如果学不会谦逊，总以为自己知道了一切，他的心就是满的，根本容不下更多的东西。就像西方哲学家卡莱尔说的："人生最大的缺点，就是茫然不知自己还有缺点。"

只有承认自己的无知，我们才愿意主动去学习、去接受新的事物，才会不断地成长、进步。所以，不论你在生活中扮演什么角色，也不论你从事何种职业，担任什么职务，只有保持谦虚谨慎的态度，才能不断进步。因为谦虚谨慎的品格能够帮助你看到自己的差距。永不自满，不断前进可以使人冷静地倾听他人的意见和批评，谨慎从事。否则，骄傲自大、满足现状、停步不前、主观武断，就会遭到别人的厌恶甚至排挤，在生活中走很多弯路。

刚刚大学毕业时，他骄傲极了。他觉得自己面容英俊、性格开朗，还是备受宠爱的天之骄子，未来在他面前展开了一幅美丽的图画。结合自己的专业，他想找一份能常与人打交道的工作，很快，他就得到了一个好机会——一家五星级宾馆正在招聘前台工作人员。

他觉得这个工作简直就是为自己准备的，他志在必得。于是，他打电话跟招聘方约定了面试的时间。第二天一早，他来到那家宾馆，主持面试的经理接待了他。看得出来，经理对他俊朗的外表和富有感染力的肢体表达相当满意。他也觉得，自己离成功只差一步了。

不过，经理还是照例向他提问。前几个，他都回答的非常好，到了最后一个问题了，经理开门见山地说："我们宾馆经常接待外宾，所有前台人员必须会说四国语言，这一指标你能达到吗？"

对于这项能力，他有点心虚，因为外语正是他的软肋，上学时他的外语成绩就不突出，简单的对话都会觉得很吃力。但是，为了得到这份工作，他想：我一定不能实话实说。于是，他回答："我大学学的是外语，精通法语、德语、日语和阿拉伯语。我的外语成绩是相当优秀的，有时我提出的问题，教授们都答不上来。"

听了他的回答，经理笑了一下，他觉得他在撒谎。因为，在看到他的求职简历时，公司其实已经收集了有关的信息，其中就包括他的大学成绩单。

但是，经理没有当面戳穿他，而是接着说道："做一名合格的前台人员，需要多方面的知识和能力，你……"还没等经理的话说完，他就抢先说："我想我是不成问题的。我的接受能力和反应能力在我所认识的人中是最快的，做前台绝对会很出色的。"

听完他的话，经理站了起来，严肃地对他说："对于你今天的表现，我感到很遗憾，因为你没能实事求是地说明自己的能力。你的外语成绩并不优秀，平均成绩只有70分，法语连续两个学期不及格；你的反应能力也很平庸，几次班上的活动你都险些出丑。因此，很遗憾，我想你并不能胜任这份工作。再见吧，年轻人！"

走出宾馆的大门，他觉得羞愧极了。从那以后，他再也没有说过大话，因为他明白了一个道理：**每夸夸其谈一次，诚实和谦逊就要被减去十分。**

在我们的生活中，很多人都有与他类似的经历，他们只知吹嘘自己曾经取得的成绩，夸耀自己的能力学识，以为这样就可以博得别人的好感和赞扬，赢得对方的信任，但事实上，他们越吹嘘自己，就越会被人讨厌；越夸耀自己的能力，就越受人怀疑。俗话说："天外有天，人外有人。"保持一颗谦逊的心，你更能时刻前进；跨越虚荣的樊篱，你才能平静的选择自己的生活。

俄国作家契诃夫曾说："人应该谦虚，不要让自己的名字像水塘上的气泡那样一闪就过去了。"**你可能拥有广博的知识，高超的技能，卓**

越的智慧，但如果缺少了谦逊，你可能就不会取得灿烂夺目的成就。请永远记住："伟人多谦逊，小人多骄傲，太阳穿一件朴素的光衣，白云却披了灿烂的裙裾。"

开悟箴言

◆谦逊是一种美德，是进取和成功的必要前提。

◆有真才实学的人往往虚怀若谷，谦虚谨慎；而不学无术、一知半解的人，却常常骄傲自大，自以为是，好为人师。

◆对自己有充分自信的人才能做到谦逊，才能够客观地看到自己的缺点，对自己的优点也不会盲目夸大。

学会低头也是一种修行

俗话说"人在屋檐下，不得不低头"，由此看来，低头似乎是处于困境时一种无奈的选择，其实不管出于何种境地，我们随时都应该学会低头。因为，在漫长的人生旅途中，总难免有碰头的时候。**只有学会低头，才能避免碰头。**

有一次，富兰克林去拜访一位前辈。当时年轻气盛的他，昂首挺胸迈着大步，进门时一不小心就撞在了门框上。见此情景，迎接他的前辈笑着说："很疼吧？可这将是你今天来访的最大收获。一个人活在世上，就必须时刻记住低头。"

曾经有人问苏格拉底："你是天下最有学问的人，那么你说天与地之间的高度是多少？"苏格拉底毫不迟疑地说："三尺！"那人不以为然："我们每个人都有五尺高，天与地之间只有三尺，那还不把天戳个窟窿?"苏格拉底笑着说:"所以,凡是高度超过三尺的人,要长立于天地之间,就要懂得低头啊。"

所谓"初生牛犊不怕虎",很多人在年轻时都不谙世事,只知冲撞,不懂低头,结果往往碰壁,吃了不少苦头。这是年轻人的通病,并不足为奇,重要的是在碰壁后,要"吃一堑长一智",慢慢学会暂时低头,这样才能及时纠正错误总结经验,走上正途。

美国著名政治家帕金斯 30 岁那年就任芝加哥大学校长,有人怀疑他那么年轻是否有能力胜任大学校长的职位,他知道后只说了一句:"一个 30 岁的人所知道的是那么少,需要依赖他的助手兼代理校长的地方是那么的多。"就这短短一句话,使那些怀疑他的人一下子就放心了。一般人遇到了这样的情况,往往喜欢尽量表现出自己比别人强,或者努力地证明自己是有特殊才干的人,然而**一个真正有能力的人却能低下高贵的头,以低姿态获得大家的信服**。

学会低头是一个人必备的重要能力,特别是在竞争激烈的现代社会,每个人肩上都背负了太多的责任,生命的负载太过沉重,善于低头就可以卸掉很多累赘;低低头,就可以看到自身的不足,让自己变得更完美;低低头,就可以赢得别人的谅解和信任,避免不必要的纠纷。

低头是一种智慧,也是一种修行的境界。它需要求同存异、应时顺势、谦恭温良。在处理人与人之间的矛盾时,懂得低头,适时投降,是君子怀仁的风度,是创造和谐社会的必备品格;在处理人与社会的矛盾时,懂得低头,是理性人生的闪光,是取得共赢的光明之路;在处理人与自然的矛盾时,懂得低头,是避免盲目蛮干的镇静剂,是实现人与自然相融共荣的有效途径。

低头也需要勇气。面对别人的批评时,我们要勇敢地承担责任,接受教训;面对强大的敌人和困难时,我们同样需要避其锋芒,保存实力,以图再战。可是,生活中总有那么一些人,他们不肯低头,不愿低头,只有在屡屡碰壁之后,才能接受教训有所感触。其实,何必总是一副宁死不屈的倔强样子,低一低头,给自己多一次机会,岂不是更好?

当你明白了低头的智慧，当你从困惑中走出来时，你就会发现，低头并不是自卑，也不是怯弱，而是一种能力的体现，更是一种难得的境界。

> ## 开悟箴言
>
> ◆ 低头是一种能力，它并不是自卑，也不是怯弱，它是清醒中的一种改变。
>
> ◆ 我们要学会在人生舞台上唱低调，在生活中保持低姿态，把自己看轻些，把别人看重些。
>
> ◆ 自认怀才不遇的人，往往看不到别人的优点；愤世嫉俗的人，往往看不到世界的美好；只有敢于低头并不断否定自己的人，才能够不断吸取教训，不断地在修正中走向圆满。

适时认输，才能获取更大的胜算

记得一位有名的拳王说："任何拳手都不可能打败所有的对手，好的拳手知道在恰当的回合认输。"因为，及早认输，下次还有赢的机会，如果逞能，让对手把你拖垮了，你不是连输的机会都没有了吗？

其实，在人生的很多事情上，都需要我们学会适时认输。这不是一个处处讲究公平竞争的世界，有很多不讲竞争规则的阴损小人，还有一些怀有"谁也别想比我好"的病态心理的人，遇到这类人，你越与他们争斗，就会陷得越深。**与其让生命的价值在乱斗中无端地折损，不如及时认输，离开是非圈，用自己保存下来的实力，到真正的竞技场去发挥。**

无论在哪种竞争中，一旦我们发现自己没有任何胜算时，就应该认输。如果明明知道自己不可能战胜对手，还要一味地跟人家"斗"，这又有何益处呢？"斗"得越起劲，越会使自己输得惨。**聪明地认输，可以使我们避开锋芒，以退为进，赢得潜心发展的主动权；还能让我们得以冷静下来，认识到与对手的差距，虚心向对方学习，进一步的发展自己。**

美国柯达公司与日本富士公司同为胶卷行业的巨头，相互间的竞争是无法避免的。但是柯达公司颇有自知之明，主动认输，不跟富士争"第一"。柯达公司甘拜富士下风，既减少了恶性竞争造成的大量人财物力浪费，又使他们能够根据自己的实际情况制定适宜的发展策略，同时老老实实向富士取经，不断发展完善。很快，柯达公司就得到了长足的发展，成为和富士不相伯仲的胶卷大王。

人这一生，总会有无法做到的事和无法实现的愿望。当面对无法逾越的困难和挫折、面对无法把握的机遇和运气时，如果我们确定自己不可能做到，那就认输吧。**选择认输，不去坚持下完一盘根本下不赢的棋，而是弃之一边，及早从"死胡同"里走出来，可以避免付出更惨重的代价。**

李杨和张强从小一起长大，是最要好的朋友，但他们之间也不可避免的有比较。李杨的家庭条件比张强优越，所以，他吃的用的都比张强好。小时候，张强总是不服气，李杨有什么他就要求家里人给他买什么，长大之后，张强认识到这样做没有任何意义。所以，他对李杨说："以后，我不会再跟你比了，我认输了。"但从那之后，张强更加努力，不论在学习上还是在以后的工作中，他都会比别人付出更多的努力。后来，张强有了自己的公司，事业做得很成功，李杨却一直做着一份普通的工作。

张强的经历告诉我们：适时认输并不是消沉，而是有着积极进取的内涵，它是以退为进，赢得潜心发展的一种智慧，也是审时度势、随机应变使自己立于不败之地的一种策略。如果硬认死理，逞强好胜，盲目蛮干，只会给自己带来不必要的损伤。

认输也是一种自我认识，一种积极的自我评价，在与别人竞争时，认同他人优势的同时，也看到了自己的缺陷与不足。面对自己的缺陷与不足，只有学会暂时认输，才能正视自己的缺陷与不足。**有错误和不足并不可怕，只要知道自省，就能避免铸成大错以致最终抱憾终身。**

开悟箴言

◆ 适时认输，就是承认挫折，明智地绕过暗礁，让自己很理性地抵达成功的彼岸。

◆ 有时认输并不代表懦弱和窝囊，而是一种清醒的理智。生活中我们不可能时时处处都是赢家，凡事如果都死不认输最后反而会输掉自己。

◆ 人们常常称赞不认输者是好样的，却鲜有人赞颂认输者。很多时候，我们更应懂得认输。只有懂得认输，学会认输，才能真正地认清自己。

退也是另一种方式的进

海外留学归来，他踏上了漫漫求职路。本以为顶着"海归"的光环，找到一份合适的工作并不是难事，谁知，这却成了用人单位拒绝他的理由之一：庙太小，请不起这么大一尊神。他苦笑，难道多年的所学就没有用武之地吗？他不甘心却又无奈，只好收起自己的博士学历，降低身份去做了一份程序录入员的工作。

对于他来说，这份工作简直是大材小用。但他还是一丝不苟，勤勤恳恳地做着。在工作的过程中，他不时地会发现一些程序中的错误，每次都会及时地指出来并予以改正。很快，老板就发现了他的不一般。这时，他掏出了自己的学士学位证书，老板二话没说，立刻给他换了个与大学毕业生相对口的工作。

在新的岗位上工作了一段时间，老板发现他还时常还能为公司提出许多独到而且有价值的见解，超出了一般大学生的水平。这时，他又亮出了硕士学位证书，老板看了之后又提升了他。

他同样干得很出色，老板觉得好奇了，把他叫到办公室进行了长谈，他说了自己这么做的原因和初衷，老板非常理解他。他也对老板透露了自己的真实学历是博士，这时候，老板对他的水平已经有了全面的认识，便毫不犹豫地重用了他。

虽然经历了暂时的退步，但他最终还是得到了自己想要的。下棋的人都明白这个道理：**退得妙恰如进得巧。在形势不利于自己的时候硬打硬拼，很可能是以卵击石，自寻死路；也有可能是两败俱伤，损失惨重。在这种时候，不妨先退几步，以求打破僵局，为自己积蓄力量赢得时机。**

历史上也有很多以退为进的例子，秦始皇就是一个很好的例子。从继位到亲政，秦始皇用了 9 年时间。期间，秦国的政权便落在了他的母亲赵太后和相国吕不韦手中，这就使得与君权对立的两大政治集团的势力得到了恶性膨胀。

面对吕党和后党的嚣张气焰，秦始皇深知自己羽翼尚不丰满，只好在表面采取"退让"的策略，不动声色，暗地里却为扫除两大障碍作出了充分准备。公元前 238 年，赵太后的男宠嫪毐想在秦故都雍城的蕲年宫杀死秦始皇。秦始皇早有戒备，立刻命令昌平君等人率军镇压，活捉了嫪毐。九月，将他车裂，诛灭三族，党羽皆枭首示众，受案件牵连的 4 000 余人全部夺爵流放蜀地，赵太后的势力从此崩溃瓦解。

照常理说，秦始皇应该一鼓作气乘机铲除吕氏集团。但他鉴于吕不韦有辅佐先王继位的卓著功勋在身，在国内也有深厚的根基，若操之过急，难免败事，只能暂时隐忍。公元前 237 年，秦始皇根基已稳，便开始逐步解决吕氏集团的问题。他先是免去吕不韦的相国职位，将他轰出秦都咸阳，赶到封邑洛阳居住。最后又派人赐他毒酒，逼他自尽。

秦始皇亲政不久，在处于劣势的情况下，以退为进，积蓄力量，以待时机，最后顺利铲除赵太后、吕不韦两大敌对势力，巩固了君权，为其实现统一大业奠定了坚实的基础。

俗话说："退一步海阔天空。"实际上，退是另一种方式的进，防守也是另一种方式的进攻。有时，通往成功的路，便是这样一条曲折之路，但踏上这条路你绝对不会撞得头破血流。欲速则不达，退一步海阔天空，就是这个道理。

开悟箴言

◆"手把青秧插满田，低头便见水中天。六根清净方为道，退步原来是向前。"

◆人生不能只是往前直冲，有的时候，若能退一步，就可能"柳暗花明又一村"。

◆退步，就是谦让，就是不争，就是必要的妥协，可那结果，就像我们低着头退步插秧一样，看着水中蓝蓝的青天，一步一步地却是向前迈进。

以谦逊的态度对待一切

无论多么有才干的人都不会十全十美，所以每个人都应该正确评估自己，认识到自己的劣势和不足，然后放低姿态，这样我们才能获得一片广阔的天地，成就一份美好的事业，赢得一个蕴涵厚重、丰富充沛的人生。很多伟大的人物，都懂得放低自己的姿态，以一种更加平易亲和的方式为人处世，因而受到了大家的敬仰。

在林肯的故居里，挂着他的两张画像，一张有胡子，一张没有胡子。在画像旁边的墙上贴着一张纸，上面歪歪扭扭地写着：

亲爱的先生：

我是一个11岁的小女孩，非常希望您能当选美国总统，因此请您不要见怪我给您这样一位伟人写这封信。

如果您有一个和我一样的女儿，就请您代我向她问好。要是您不能给我回信，就请她给我写吧。我有四个哥哥，他们中有两人已决定投您的票。如果您能把胡子留起来，我就能让另外两个哥哥也选您。您的脸太瘦了，如果留起胡子就会更好看。

所有女人都喜欢胡子，如果您蓄了胡子到那时她们也会让她们的丈夫投您的票。这样，您一定会当选总统。

格雷西
1860 年 10 月 15 日

收到小格雷西的信后，林肯立即回了一封信。

我亲爱的小妹妹：

收到你15日的来信，非常高兴。我很难过，因为我没有女儿。我有三个儿子，一个17岁，一个9岁，一个7岁。我的家庭就是由他们和他们的妈妈组成的。关于胡子，我从来没有留过，如果我从现在起留胡子，你认为人们会不会觉得有点可笑？

衷心地祝福你
亚·林肯

后来，林肯果然当选总统了。在前往白宫就职途中，他特地在小女孩的小城韦斯特菲尔德车站停了下来。对着欢迎的人群说："这里有我的一个小朋友，我的胡子就是为她留的。如果她在这儿，我要和她谈谈。她叫格雷西。"这时，小格雷西跑到林肯面前，林肯把她抱了起来，亲吻她的面颊，小格雷西高兴地抚摸他的又浓又密的胡子。林肯对她笑着说："你看，我让它为你长出来了。"

像林肯这样伟大的人物，也会在意一个小女孩的建议，从中我们可以看出他的谦逊与诚意。所以，看一个人是否伟大，只要看他对待小人物的态度就行了。**那些真正有成就的人，总是具有一颗宽广的胸怀，他们不会被外在的荣耀所左右，而是放低姿态，与最普通的人称兄道弟，只有这样的人，才能得到最后的成功。**

一个人要想取得成就，首先要学会放低姿态，以谦逊的态度面对一切。这就像在体育比赛中，运动员要想跳高，就必须先蹲下，没有人可以直着双腿跳高的。在田径比赛时，要跑得快，就必须先弯下腰，向前倾斜力度更大，才能跑得更快。生活中，我们可以看到有些人总喜欢指出别人的缺点，说人家这里做得不合适，那也做得不够，似乎他什么都行，对什么都可以说出一个大道理来。其实，他们之所以摆出一副"万事通"的样子来，就是怕被别人轻视，他们要用这种行为来显耀自己，以此来提高自己的地位，可是这样做只会让人敬而远之，遭人厌恶。

福特说："那些自以为做了很多事的人，不会再有什么奋斗的决心。有许多人之所以失败，不是因为他的能力不够，而是因为他觉得自己已经非常成功了。他们努力过奋斗过，战胜过不知多少的艰难困苦，流血牺牲，凭着自己的意志和努力，使许多看起来不可能的事情都成了现实；然后他们取得了一点小小的成功，便经受不住考验了。他们懒怠起来，放松了对自己的要求，往后慢慢地下滑，最后跌倒了。**在古往今来的历史上，被荣誉和奖赏冲昏了头脑，而从此懈怠懒散下去，终至一无所成的人，真不知有多少……**"

一个人要想取得大的成绩，就要放低姿态，站在一个较低的位置上能够让你把自己看得更清。

把锋芒藏在口袋里

所谓锋芒是指一个人显露出来的才干，所以有锋芒是好事。但凡事都要讲究适度，锋芒太盛难免会灼伤他人。想想看，当你抢尽了所有的风光，却将挫败和压力留给对方，那么他还能够过得自在、舒坦吗？也因此，**有才却不善于隐匿的人，往往招来更多的嫉恨和磨难。**曹植锋芒毕露，终招祸殃，文才名满天下，却给他带来了灾祸，这难道是他的初衷吗？他只是不知道收敛罢了。**若要防止盛极而衰的灾祸，就必须牢记"持盈履满，君子兢兢"的教诚，学会把锋芒藏在口袋里。**

我有一位师兄，在学校的时候成绩非常好，做事也认真负责，因此刚毕业就被一家大型企业聘用了。他非常珍惜这次机会，也很努力，工作做得非常出色。因为头脑灵活，喜欢思考，他很快就发现了公司管理中存在的一些弊端，于是经常向主管反映，然而每次得到的答复都是："你的意见很好，我会在下次会议上提出来让大家讨论。"

他开始还满怀期待，但是慢慢地，他发现主管似乎在敷衍他，这让他很不满，觉得主管太过平庸，不能服众，甚至萌生了取而代之的念头。在一次公司大会上，他终于忍不住坦陈了自己的想法，并建议公司实行竞争上岗，能者上，庸者下。会场顿时寂静无声，主管早就气得脸色发白。总经理称赞了他的想法，认为很有新意，但并没有深入讨论的意思。

从那以后，他忽然发现一切都变了。同事对他敬而远之，主管更是冷语相向；更严重的是，有人向总经理投诉他收受回扣、违规操作、泄露公司机密……任何一项罪名都能将他压垮。他知道，自己在这个单位是待不下去了，只好辞职走人……

这次的事情让他受到了很大的教训，后来跟我聊天时，他说："初入社会时，总以为锋芒毕露才能让别人看到自己的能力，赏识自己。从那以后才明白，一个人不管多有能力，首先应该学会的就是收敛，这才是最重要的。"

一个人有"野心"，想出人头地是无可厚非的，但不要把你的野心太过外露，否则，一旦别人感受到了你的威胁，你就会成为众矢之的。我那位师兄的遭遇正是说明了这一点。

唐人孔颖达，字仲达，8岁上学，每天背诵一千多字。长大后，很会写文章，也通晓天文历法。隋朝大业初年，举明高第，授博士。隋炀帝曾召天下儒官，集合在洛阳，令朝中人士与他们讨论儒学。颖达年纪最小，道理说得最出色。那些年纪大、资深望高的儒者认为颖达超过了他们是耻辱，便暗中刺杀他。颖达躲在杨志感家里才逃过这场灾难。到唐太宗在位时期，颖达多次上诉忠言，因此得到了国子司业的职位，又得拜酒之职。太宗来到太学视察，命颖达讲经。太宗认为讲得好，下诏表彰他，因此招致了更多人的嫉妒，于是他便辞官回家了。

在一个群体中，每个人都希望自己成为脱颖而出的佼佼者。但社会竞争又暗藏着一个悖理的法则，这就是"枪打出头鸟"，或"出头的橡子先烂"。如果你把别人比下去，就给了别人嫉妒你的理由，为自己培养了对手。所以，做人最好要懂得低头，不要逞强，更不要凡事都想与人比个高低。

老子云："良贾深藏若虚，君子盛德容貌若愚。"即善于做生意的商人，总是隐藏其最珍贵的货品，不会让人轻易见到；而品德高尚的君子，从外表看上去却显得愚笨。这无疑蕴含着一种处世智慧。**锋芒毕露毫无益处可言，"满招损，谦受益"，自我炫耀者只会招致他人的反感，乃至遭到小人的陷害。隐藏锋芒，低调做人，才不会过早地被风雨侵蚀，长成"参天大树"。**

开悟箴言

◆竖起桅杆做事，砍倒桅杆做人。

◆如果高调做事是一种成功的出击，那么低调做人就是胜利的防守。

◆遇到他人不友善的目光和言行时，不必报之以恶言，还之以颜色，要做一个不战而胜的聪明人，用沉默、宽容、低调和善意的姿态回敬他，练就不亢不卑的人格力量来征服他人。

留一只眼睛看自己

看过这样的话：我们看不见的往往是离眼睛最近的地方，比如睫毛，比如自己的缺点。是否能够取舍这不是眼神的问题，而是心灵的问题。不可否认，**人很多时候只看别人的缺点，却不肯正视自己的不足，这或许在一定程度上可以帮助人们树立自信，却也在一定程度上表明了某些人性的浅薄之处。**

有句古话说"躬自厚而薄责于人"，就是告诉我们要反省自己的行为，要严格要求自己，加强自身的修养，同时不要对别人太苛刻，不要只盯着别人的缺点，要看到他们的优点，并且要以宽容大度的心去对待别人，包容他们的过失。**中国传统文化讲求仁德，教导人们要对他人有爱心，要宽厚，但对自己却要很严格，这样的人，他的人格是健全的，容易受到人们的尊敬。**

对近现代中国文化的发展有重大影响的胡适就是宽厚待人的人，他很有长者风范。有一段时间，他的家里总有客人。有人写文章说，无论谁，学生、共产青年、同乡商客、强盗乞丐都可以去找胡适，也都可以满载而归。穷苦者，他肯解囊相助；狂狷者，他肯当面教训；求差者，他肯修书介绍；问学者，他肯指引门路；无聊不自量者，他也能随口谈几句俗话。到了夜阑人静的时候，胡适才执笔做他的考证书写他的日记。当时的很多学者，在女子面前都是道貌岸然的，但是胡适却是那样，他很有人情味。到别人家里，必定与其太太打招呼，上课见女生穿的单薄，必亲自下讲台来关教室的门窗。在接人待物，胡适是很宽容很随和的。但他对自己在私德立身上又是很严格的。当时很多学者在留洋以后都把家里包办的乡下太太抛弃了，但胡适对母亲包办给他的发妻却始终如一。

生活在现代社会，竞争无处不在，为了在竞争中占据优势，我们常常错误地把重点放在对方的缺点上，总以为只要抓住了对方的弱点，我们就能战而胜之或取而代之。实际上，这么做的结果可能是劳而无功的。在我们为弄清对方的缺点而焦虑、费神的时候，对方已与我们拉开了距离。如此，我们还有什么精力去和他人竞争。其实，最终让我们得到胜利的，不是对方的失误，而是我们的努力。只要我们能够做到比对方强，又何必去刻意寻找别人的弱点？**要知道，只有感觉到自己技不如人，才会促使我们用放大镜去看他人的缺点，以此来增强自己脆弱的自尊心。**

家庭本来是人在这个世界上最轻松、最宁静的港湾，很多人却总是习惯性地把在社会上与他人交往的那一套带回家里，挑剔的目光，没有停歇的指责，本该是互相欣赏的挚爱亲人，却仿佛冤家一般，只看到对方的缺点，让我们时刻绷紧的神经，依然不能放松，如此又怎能真正得到休息？我们只要知道自己的丈夫或妻子有哪些地方值得我们去爱就行了，对于我们的孩子，只要知道他的长处和特点，适时、适当地加以引导，知道往哪个方向发展就足够了。为什么非要找到他们的缺点呢？有一句话叫"从自己做起"，如果你想要求别人做什么，自己首先做到，这样你的要求才显得有分量。

如果有些事连你都做不到，那也不要要求别人去做，总之，不要让自己成为挑人毛病者。别人可能有这样那样的缺点，但是你就没有吗？别人犯了错误你那么不满，难道你自己就不犯错误吗？你不原谅别人犯的小错误，当你自己犯错的时候，你能够要求别人原谅你吗？**人非圣贤，孰能无过，原谅别人就是原谅自己，不要总盯着别人的缺点不放，无论何时都要记住留一只眼睛看自己。**

不要只看到他人的缺点，而看不到他们的长处，不要只把挑剔的目光放在别人身上，而看不到自己的不足。**正所谓尺有所短，寸有所长。总盯着别人的缺点不放，正好说明，我们自己身上到处是缺点，多看看别人的长处，也正能体现我们自己的大度。**

开悟箴言

◆水至清则无鱼，人至察则无友。

◆处处不能容忍别人的缺点，那么人人都变成坏人，也就无法和平相处。

◆以恶的眼光看世界，世界无处不是残破的；以善眼光看世界，世界总有可爱处。

第八章
克己忍让，厚积薄发
——忍耐也是一种修行

宋代苏洵曾经说过："一忍可以制百辱，一静可以制百动"。忍耐是一种痛苦的磨炼，越王勾践的卧薪尝胆、孙膑被剃骨后的装疯卖傻，他们的忍耐是为了厚积薄发。忍耐也是一种修行，能克己忍让的人，是深刻而有力量的，是有雄才大略的表现。

能耐能耐，就是能够忍耐

我们形容一个人有"能耐"，首先是说有能力，其次就是懂得忍耐。**小事不忍，难成大谋，连一点小事都不能容忍的人，肯定成事不足败事有余。只有下定决心耐住性子，才能做成事。**学会忍耐，就会看到明天的阳光。

有个妇人总是无法控制自己为一些琐碎的小事生气，她知道这样不好，便去找一位高僧谈禅说道，想开阔心胸，求得解脱。谁知，高僧听了她的讲述后，并没有说什么，而是把她领到一座禅房中，上锁而去。妇人气得跳脚大骂。骂了许久，高僧也不理会。妇人转而开始哀求，高僧仍是置若罔闻。直到妇人终于沉默时，高僧才来到门外，问她："你还生气吗？"

妇人说："我生我自己的气，为什么跑到这里来受罪？"

"连自己都不能原谅的人，怎么能心如止水？"高僧拂袖而去。

过了一会儿，高僧又来问她："还生气吗？"

"不生气了。"妇人说。

"为什么？"

"生气也没有办法呀！"

"你的气并没有消失，还压在心里，爆发后，将会更加剧烈。"高僧又离开了。

高僧第三次来到门前，妇人告诉他："我不生气了，因为不值得生气。"

"还知道不值得，可见心里还有衡量的标准，还是有'气根'。"高僧笑道。

快到傍晚的时候，高僧又来了，妇人问他："大师，什么是气？"

高僧将手中的茶水倾洒到地上。

妇人看了一会儿，突然有所感悟，然后叩谢而去。

生气就是在用别人的过错来惩罚自己，所有人都明白这个道理，但能做到不生气的人几乎没有。可是，事情会因为你的生气而变好吗？别人会因为你的生气而有所改变吗？**当你容许别人来掌控自己的情绪时，这本身就是一种错误，如果你再因此而生气，岂不是更大的错误？**所以，要学会忍耐，学会控制自己的情绪，否则即使生气也于事无补。

古时候有个财主，他有一个特殊的习惯：每次生气和人起争执的时候，就以很快的速度跑回家去，绕着自己的房子和土地跑三圈，然后坐在田边喘气。

虽然已经是财主了，但他还是非常勤快的劳作，于是他的房子越来越大，拥有的土地也越来越多。但他还是保持着那个习惯：只要与人生气的时候，就会绕着房子和土地跑三圈。

所有认识他的人都对他这个习惯表示疑惑，也有人问过他原因，但他都不愿意说明。

直到，他很老了，他的房地也已经非常大了，这个习惯还是没有变。他生了气，还是要拄着拐杖艰难地绕着土地和房子转，等他好不容易走完三圈，太阳已经下山了，他会独自坐在田边喘气。

他的孙子看到后恳求他说："阿公！您已经这么大年纪了，这附近也没有其他人的土地比您的更广大了，您不能再像从前，一生气就绕着土地跑了。还有，您可不可以告诉我您为什么一生气就要绕着土地跑三圈呢？"

他笑了笑，终于说出了隐藏在心里多年的秘密，他说："年轻的时候，我一和人吵架、争论、生气，就绕着房地跑三圈，边跑边想自己的房子这么小，土地这么少，哪有时间去和人生气呢？一想到这里，气就消了，然后就把所有的时间用来努力工作。"

"可是，您现在这么老了，又是这里最富有的人，您为什么还要绕着房子和土地跑呢？"孙子又问。

"我现在还是会生气，生气时绕着房子和土地跑三圈，边跑边想自己的房子这么大，土地这么多，又何必和人计较呢？一想到这里，气就消了。"他回答。

这位财主真是一个智慧的人，他不会把时间浪费在无意义的生气上，而是懂得忍耐，把所有的时间都用来努力工作。

贝多芬曾说过："几只苍蝇咬几口，绝不能羁留一匹英勇的奔马。"每个人的身旁总会萦绕着各种纷扰，对它们保持沉默要比生气或者寻根究底要明智得多。生活中总有一些事情是我们无法改变的，但不管怎样，日子还要一天一天继续下去，我们必须学会忍耐学会适应，等一切都过去了，生活中美好的一面就会展现出来。

不争，才是人生至境

忍让是一种高深的修行之道，忍可以避免争端，平息纠纷，忍可以大事化小小事化了。能忍让的人是真正有力量的人，是真正有雄才大略的表现。善于忍才能善任，忍别人所不能忍，才能绝处逢生。

古代，有一位德高望重的禅师，为人宽厚仁慈，凡事以忍为上，轻易不会与人发生争执。

一天，禅师搭船渡河，船刚离岸，就听岸上有人喊："船家，等一等，我有急事，载我过河去。"原来是一位骑马佩刀的将军，他刚赶到，正在把马拴在岸边，拿着马鞭冲着船家喊。

船夫对他喊道："船已经开了，请你等下一班船吧。"将军非常失望，急得在岸边团团打转。

禅师正好坐在船头，他对船夫和大家说："船刚离开岸边不远，你就行个方便，掉过船头回去载他过去吧。"船夫和大家一看是一位气度不凡的老禅师求情，就把船开了回去，让那位将军上了船。

可这位将军上船后不仅不说谢谢，还到处找座位。他看到坐在船头的禅师，挥鞭就打，嘴里还骂骂咧咧："老和尚这样没礼貌，大爷来了也不让个位子。"说着就一鞭子打在了禅师的头上，鲜血立刻顺着脸颊汩汩地流了下来。禅师一言未发，立刻将座位让与那位将军。

看到这一幕，一船人都为禅师打抱不平，窃窃私语："好个忘恩负义的家伙，禅师求情让船家回去载他，他不仅抢了老人的座位，还将他打得血流满面。"从大家的议论声和不满的眼神中，这位将军慢慢明白了一切，他心里非常惭愧，懊恼不已，又放不下面子去认错。不一会儿船到了对岸，大家都下了船。禅师来到水边，洗净了脸上的血污。那位将军忍受不住了。他走上前，跪倒在禅师面前，忏悔道："禅师，我真的对不起你，请你原谅！"

谁知，禅师不仅没有生气，反而心平气和地说："不要紧，出门在外，难免心情不好。"

如果没有禅师的修行，恐怕谁也忍不住，当时就得和那位将军理论起来。但是，禅师根本没有为自己辩解一句，更没有一点反抗，他的忍让让那位将军受到了良心的谴责，这比任何针锋相对的言论和行为都更有力量。

大家应该都知道"负荆请罪"的典故吧，战国时，赵国大将廉颇对蔺相如被赵王拜为上卿很不服气，扬言非羞辱蔺相如不可。而蔺相如知道此事后，为了国家的利益，以大局为重，对廉颇处处忍让，以礼相待。廉颇得知后十分悔恨，便负荆请罪，二人就此化干戈为玉帛，为后人树立了"将相和"的典范。

忍让不但体现了蔺相如的宽厚博大的心胸，更让廉颇认识到了自己的错误，两个本来可能成为仇敌的人因为一方的"忍让"而成为了最好的搭档。**很多时候，愤怒并不能解决问题，忍让反倒可以平息恨意。**

有一次，唐太宗宴请各位大臣，同州刺史尉迟敬德来晚了。走进大厅一看，发现自己的上座有人，便气不打一处来，质问那人："你凭什么坐在我的上首？"席位被安排在他下首的任城王李道宗就来劝他。尉迟敬德不但不听，反而举拳殴打李道宗，李道宗的眼睛几乎被打瞎。

看到这一幕的唐太宗很不高兴，他对尉迟敬德说："我本想和你共富贵，但是你做官后变得张扬跋扈，屡次触犯法规。我这才明白像韩信、彭越那样被剁成肉酱，并不一定是汉高祖刘邦的错呀！"尉迟敬德听到这种极其严厉的警告心后生恐惧，从那以后就学会了忍让、克制自己。

让一个人变得聪明、有心计都不是难事，让一个人学会忍让却要经过长久的修炼。浅薄的人，一旦取得一点成绩就自足自满忘了忍耐；暴躁的人，遇到一点小事也会大发脾气忘了忍耐……我们应该明白，**无论你是怎样的位高权重，无论你个性如何，你都应该学会"忍"，这是求得一生平安的必修课。**

开悟箴言

◆面对他人的侮辱而不怒，这不是一般人能做到的，这应该是我们努力的方向。

◆忍是对自己的一种情绪的控制，久而久之会成为一种习惯，对这种习惯习以为常，修养就会渐渐养成。

◆人生在世总会遇到不如意的事，这时，忍不仅是日常生活中与他人接触时最容易遇上的考验，更是每个人修行中必经之磨炼过程。

收回的拳头再打出去才更有力

我们大多数人的生活都不会一帆风顺，总会遇到一些崎岖坎坷、风吹雨打。在遇到挫折时，我们首先应该学会的就是忍耐。美国的朗弗罗告诫我们："忍耐是成功的一大因素"。古罗马奥维德也说过："忍耐和坚持是痛苦的，但它会逐渐给你带来好处"。罗马喜剧作家劳道斯更是有这样一句名言："解决一切问题的最佳方法乃是忍耐"。**忍耐是种执著，是经历挫折后的一种持重，是一种积极的人生态度。当一个人确定了自己的奋斗目标，除了审时度势，顺势而为外，还必须学会忍耐。**

有一个穷苦的老婆婆，独自把儿子抚养长大。不幸的是，她的儿子忤逆不孝，经常呵骂母亲。街旁寺庙里的老禅师很同情老婆婆的遭遇，便经常去安慰她。那个逆子非常讨厌禅师来家里，有一天想了个坏主意，悄悄拿着粪桶躲在门外，等禅师一走出来，便将粪桶向禅师扔去，刹那间，粪尿淋满禅师全身，引来了一大群人看热闹。大家都以为禅师肯定气坏了，谁知，禅师却若无其事地一直顶着粪桶跑到寺庙前的河边，才缓缓地把粪桶取下来。旁观的人看到他的狼狈相，便哄然大笑，禅师缓缓地说："这有什么好笑的？人身本来就是众秽所集的大粪桶，大粪桶上面加个小粪桶，有什么值得大惊小怪的呢？"有人问他："禅师！你不觉得难过吗？"禅师道："我一点也不会难过，老婆婆的儿子以慈悲待我，给我醍醐灌顶，我正觉得自在哩！"

后来，老婆婆的儿子被禅师的宽容感动了，改过自新，去向禅师忏悔谢罪，禅师高兴地开示他，受到禅师感化的逆子从此痛改前非，好好孝敬老母亲，以孝闻名乡里。

故事中的禅师即使受到那样的待遇也能泰然处之，让人不得不敬佩他高尚的忍辱人格和慈悲。

生活中我们总是免不了被人冤枉，被人误会，对此很少有人能做到忍耐再忍耐，而是拼命地为自己辩解。其实，这样做不仅难以消除误会，反而会"越描越黑"，加深他人对自己的误会。

忍耐是一种执著，是在追求成功的过程中必经的修炼，是从幼稚到成熟的一种转变。韩信曾受胯下之辱，当时他落魄潦倒，无心也无力与恶少相争、相斗，只好忍耐。结果，韩信免去一死，在忍耐中积蓄力量，最终成为汉朝大将，辅佐刘邦南征北战。

曾经看过这样的一个故事：一个叫山姆的农村孩子，因为家里穷很久没有吃过肉，他后来就问妈妈，"为什么邻居总是有肉吃，而我们却没有？"妈妈没有回答。在一个星期天的早上，妈妈带着山姆来到一个工地，向工头要了一份搬砖的活，妈妈告诉山姆，搬完这些砖可以挣到 20 美元，晚上他们就有肉吃了。于是，母子俩干了起来。妈妈每次搬五块砖，山姆每次搬两块。搬了一段时间后，山姆觉得很累，妈妈鼓励他："已经搬了 200 块，可以得 4 美元了。忍耐一下把这些砖搬完，我们就可以得 20 美元"。山姆又支撑了一会儿，实在搬不动了。他对妈妈说："我受不了了。"妈妈让他休息一会儿再搬。就这样，山姆歇一会儿干一会儿，而妈妈一直不停地搬，到了傍晚，他们终于搬完那些砖，挣到了 20 美元。这件事情之后，山姆明白了：想要得到什么，首先就要学会忍耐和坚持。

忍字头上一把刀，忍耐会有痛苦；忍字下面一颗心，忍耐会受煎熬；忍耐就好似手刃自己的心，需要时间等待伤口慢慢愈合。但忍耐是成功过程中必要的手段，当个人选择的目标确定以后，除了顺势而为，审时度势就是忍耐。

忍耐会带给我们力量，忍耐会带给我们机会，当我们收回拳头的时候，不是因为我们放弃了搏击，而是我们在积蓄力量，因为只有收回的拳头打出去才能更有力。

开悟箴言

◆一个人的成熟度，在很大程度上表现为他的忍耐度。

◆在人生的历程中，我们总会遇到一些需要忍耐的事情，借以历炼自己的心智。

◆人的成功，很多时候来自于忍耐，因为人生犹如潮水一般，有潮涨的时候，也有潮落的时候，在潮涨的时候我们要戒骄戒躁，不要得意忘形；在潮落的时候我们要充满自信，坚定如一。

多一分忍让，就多三分和谐

生活中并不是所有事情都能分出对错，探个究竟的，事情发生了，可能碰触到了你的利益或者心灵，忍一忍，让一让，也就过去了，没有必要一定揪着对方的过错不放。

可是，有些人在和别人相处的时候，总是喜欢争执。尤其是在一些小事上和别人有不同看法的时候，他们不懂更不善于忍让，他们认为只有在争执中获得胜利才能体现自己是对的。而**事实上，在争执中永远没有赢家，避免争执最好的方法就是——忍让。**

米开朗基罗曾经要用一块别人认为已经无法使用的石头雕出手持弹弓的年轻大卫，他获得了索德里尼的赞助，来到佛罗伦萨工作。工作进行了几天后，索德里尼进入了米开朗基罗的工作室。

索德里尼围着米开朗基罗的作品转了几圈，仔细地"品鉴"着。然后，他站在雕像的正下方说："米开朗基罗，你的这个作品很了不起，基本上已经很完美了，但它还是有一点缺陷，就是鼻子太大了。"

其实，索德里尼是外行，他之所以提出这个意见是因为观赏角度不正确，米开朗基罗自然明白这一点。但他没有与索德里尼争执，只是让索德里尼随他爬上支架，在雕像鼻子的部位开始轻轻敲打。表面看起来他是在修饰，事实上他根本没有改动鼻子的任何地方。经过几分钟后，他问："现在怎么样？"索德里尼回答："现在才是最完美的。"其实，米开朗基罗的解决办法只是让他靠鼻子更近一点，让索德里尼调整自己的视线，而不是让他意识到自己错了。

索德里尼是米开朗基罗的赞助人，米开朗基罗冒犯他没有任何好处，但如果按照他的意见去改变鼻子的形状，很可能就毁了这件艺术品。所以，聪明的米开朗基罗找到一种方法，原封不动地保持雕像状态的，同时，又让索德里尼相信是自己使雕像更趋完美的。**尽量不要与人争辩，而是选择一时的忍让，然后巧妙地把事情做得妥帖，这才是高手。**如果你忍不下一时之气，导致双方争得面红耳赤，即使你胜利了，又有何益处？

当然，我们随时会遇到各种各样的状况，什么事该忍，什么事不该忍并没有一定的标准，但是能够忍让的时候要尽量忍让。比如你对目前工作环境不满意，可是又没有更好的工作机会；也可能你自己做个小生意，却受到客户的打压……有些人碰到这种情况，常会顺着情绪来处理。被羞辱了不能忍，和他们大吵一架；被老板骂了不能忍，干脆就拍桌子，然后直接走人！我们的确不能绝对地说这么做就毁了你的一生，但如果真的这么做了，肯定会让你的人生有所损失。

其实，争执中的人大多时候并不能确定自己所持有的观点就是对的，而纯粹就是为了占上风而争执。但言辞是很苍白无力的，它很少能说服别人改变立场，上帝给了我们两只手一张嘴，就是要人们多做少说少争执。

雷恩爵士是十七世纪英国著名的建筑设计师，他为西敏斯特市设计了富丽堂皇的市政厅。市长总是担心三楼会掉下来，压到他在二楼的办公室上。于是，他要求雷恩加固房子的结构，再加两根石柱作为支撑。虽然雷恩很清楚市长的恐惧是多余的，但是，他还是建造了两根石柱，当然，市长为此也很感激他。

后来，人们无意间才发现这两根石柱根本没有顶到天花板上。雷恩这位杰出的建筑师，只是为了消除市长的顾虑，就按照他说的做了，并没有和他争执，因为他知道争执是没有用的。石柱是假的，但是双方都得到了满足。市长可以松一口气，而后世将会了解雷恩的设计是成功的——建造石柱并没有必要。

争执根本不能为我们带来任何好处，反而会带来更大的麻烦，所以，该忍让时就要忍让，尽量避免无谓的争执。

开悟箴言

◆争执不会帮我们解决任何问题，只能让情况越来越糟糕。

◆忍让是一种境界。忍让需要心胸宽广，凡事斤斤计较的人不可能真正地做到忍让。

◆忍让的当时一定会有许多不平甚至委屈，但只要有平和的心态，待事情过后回忆起来一定也会感到心胸开阔。

"忍"住一时，成就一世

中国人做人向来提倡"以忍为上"、"吃亏是福"，这是一种玄妙高深的处世哲学。**常言道：识时务者为俊杰，并非专指那些纵横驰骋如入无人之境，冲锋陷阵无坚不摧的英雄，而应是那些看准时局，能屈能伸的处世者。**

汉初"三杰"除萧何、韩信外，还有一个张良。张良年少时因谋刺秦始皇失败，被迫流落到下邳。一天，张良正在沂水桥上散步，迎面遇到一位穿着短袍的老翁，快走到张良跟前时，这位老翁故意把鞋掉到桥下，然后傲慢地对张良说："小子，下去给我捡鞋！"面对老翁的侮辱，张良愕然，心中不禁有些不平，但又觉得对方是老者，不忍下手，只好违心地下去取鞋。老人又命其给穿上。饱经沧桑、心怀大志的张良，对此带有侮辱性的举动，依然强忍不满，跪在老人面前，小心翼翼地帮他穿好鞋。老人非但不谢，反而仰面长笑而去。张良呆视良久惊讶无语，不久老人又折返回来，赞叹说："孺子可教也！"遂约其五天后凌晨在此再次相会。张良迷惑不解，但反应仍然相当迅捷，跪地应诺。

五天后，鸡鸣之时，张良便急匆匆赶到桥上。不料老人已先到，并斥责他："为什么迟到，再过五天早点来"。第二次，张良半夜就去桥上等候。他的真诚和隐忍博得了老人的赞赏，这才送给他一本书，说："读此书则可为王者师，10年后天下大乱，你用此书兴邦立国；13年后再来见我，我是济北穀城山下的黄石公"。说罢扬长而去。

张良惊喜异常，天亮看书，乃《太公兵法》。从此，张良日夜诵读，刻苦钻研兵法，俯仰天下大事，终于成为一个深明韬略，文武兼备，足智多谋的"智囊"，成为了汉高祖刘邦身边的重要谋士，辅佐刘邦平定了天下。

现实生活是复杂的，很多人都会碰到不尽如人意的事情。残酷的现实需要你对人俯首听命，这样的时候，你一定要谨慎面对。**要知道，敢于碰硬，不失为一种壮举。可是，当敌人足够强大时，你的强硬无异于以卵击石。一定要拿着鸡蛋去与石头斗狠，只能是无谓的牺牲。这种时候，就需要用另一种方法来迎接生活。**

唐代宰相张公艺的家族以九代同堂、和睦相处著称于世，为世人所羡慕。一天，唐高宗亲自去到他家，向他询问如何才能维持这么一个大家庭的和睦，张公艺没说话，只是让家仆取来纸笔，一口气写下了一百多个"忍"字。高宗看后不禁连连点头，赏赐了他许多绸缎与玉帛。

古人说："小不忍则乱大谋。"坚韧的忍耐精神是一个人意志坚定的表现，更是一个人处世谋略的体现。只有学会忍耐，婉转退却，才可以获得无穷的益处。凡事有所失必有所得，若欲取之，必先予之。有识之士不妨谨记：百忍成金，遇事忍字当先必能给自己争得个意想不到的收获。

开悟箴言

◆佛经上告诉我们，"一切法得成于忍"，你要是不能忍，就不能成就。

◆事业的大小与你的忍辱能力是成正比的，你忍耐的力量越强，你做的事业越大；什么都不能忍耐，你的前途就会很有限。

◆忍耐，大多数时候是痛苦的，因为忍耐压抑了人性。但是，成功往往就是在你忍耐了常人无法承受的痛苦之后，才出现在你面前的。

忍耐，让自己变得更强大

人在身处逆境时，如果不能马上脱身，就要想办法保全自己，而保全自己最好的方法就是忍耐。**忍一时风平浪静，暂时的忍耐不是逆来顺受，而是在忍耐的过程中不断地积蓄力量、完善自己，以期将来能有更好的发展。**

唐朝名将娄师德是个非常善于忍让的人，他的弟弟被任命为代州刺史时，娄师德想试探一下弟弟，就问他："我已经官至宰相，你又做了刺史，肯定会有人嫉妒我们的荣宠，你该怎么做才能保全自己呢？"他弟弟知道哥哥想考验自己，就回答说："从今天开始，就是有人把口水吐到我脸上，我也不敢有丝毫怨言，自己默默擦掉就行了。"娄宰相听了弟弟这番话，说："人家为什么对你吐口水？那肯定是对你发怒。你把口水擦掉了，表示你对人家不满意，这无异于火上浇油。你应该让口水自己干掉，并用笑脸来承受这一切。"

娄师德可谓将忍耐发展到了极致，所以他才能很好的保全自己，没有受到朝代更替的影响，在唐高宗和武则天两代皇朝都受到了重用。在历史上还有很多类似的例子，当年刘备兵少将寡，到处流浪，不得不投到曹操手下暂且栖身。为了不让曹操对自己动杀机，刘备一直隐忍，后来抓住机会，才脱离了曹操的控制，有了三分天下的机会。所以，**忍并不是强调一味的忍辱负重，而是要用暂时的忍耐来获得发展的机会，让自己变得更加强大，以达到不忍的目的。**

张帆在一家出版社做编辑，他能力突出又非常勤奋，人也很机灵。按常理说，张帆的晋升应该是迟早的事。只是他做事不够老道，不小心得罪了部门主任，后来主任就一直压制他，重点项目都不让他参与，对他上报的选题也不理不睬。开始张帆并不知道这些，有一次开选题会时，主编问他为什么很久没有提交选题，他这才知道是主任在故意刁难他。不过，张帆并没有为自己辩解，他告诉自己要忍耐，不要做出有任何过激的言行。

张帆并没有对主任流露出任何不满，反而在工作中更加努力和勤奋。对自己负责的项目，他非常认真负责，丝毫不敷衍。社里有重点书要尽快出版，需要有人值班时，张帆也主动请缨。跟主任相处时，他还是和以前一样，不远不近，不卑不亢。

对张帆的表现，主编看在眼里，记在心里。到了季度总结大会上，主编对张帆提出了表扬，还把"季度优秀员工"的荣誉给了他。这样一来，部门主任知道张帆成了主编面前的红人，也就不敢再刁难他了。

"忍字头上一把刀"，忍耐的过程必然是痛苦的，但"忍一时风平浪静"，如果忍耐能让我们避过灾祸，换来长久的平安，那就是值得的。总之，忍耐并不是怯懦，不是完全地被动退让，而是一种处世策略，是有意识、有目标地忍耐。不论是大人物还是小人物，有时总难免身陷逆境。如果此时我们无法改变处于下风的局势，那么最好的选择就是暂时忍耐，在忍耐中等待转机。

开悟箴言

◆能够忍人所不能忍，才能成人所不能成。

◆忍是一种境界，你要能达到这种境界，你就离成功不远了。

◆忍耐让你可以谋定后动，从容不迫地按照自己的想法，去克服生活中大大小小的困难。

第九章
淡泊以明志，宁静以致远
——淡是人生最深的底色

这个世界有太多的诱惑，因此有太多的欲望。一个人要以清醒的心智和从容的步履走过岁月，他的精神中必定不能缺少淡然。虽然我们渴望成功，渴望生命能在有生之年画过优美的轨迹，但我们真正需要的是一种平平淡淡的快乐生活，一份实实在在的成功。

安之若素才能处之泰然

如今的社会，人人都在追求效率和速度，我们在匆匆赶路的同时早已失去了应有的淡然和优雅，生活的喧嚣让我们根本听不到内心的声音，物质的欲望正在吞噬我们的性灵和光彩，我们留给自己的空间越来越小，胸怀和眼光也变得越来越狭隘，那种恬静如诗的生活对我们来说已经成了最大的奢侈。在这种重压之下，越来越多的人患上了心理疾病，他们总是埋怨社会浮躁，其实，浮躁的是他们的内心。**一个人要想获得灵魂的愉悦非常简单，只要能够守住一颗淡泊的心，人生就会多几分宁静的美。**

相信很多人都读过一个老铁匠的故事，这位老铁匠在一条老街上卖铁锅、斧头和拴小狗的链子。他的经营方式非常古老和传统：人坐在门内，货物摆在门外，不吆喝，不还价，晚上也不收摊。无论什么时候从那儿经过，都会看到他在竹椅上躺着，手里是一个半导体，身旁是一把紫砂壶。他的生意不会很好也不会太坏，每天的收入正好够他喝茶吃饭。他的生活中已经不需要太多的东西，这样平静的生活已经很好，老人非常满足。

但是，老人平静的生活还是被一个文物商打破了。那天，文物商从老铁匠的摊前经过，不经意间看到了他身旁的那把紫砂壶，他很识货，一看那把壶就不一般。果然，壶嘴内有一记清代制壶名家戴振公的印章。商人惊喜不已。他开价10万元，想从老人那里买走那把壶。当他说出这个数字时，老铁匠先是一惊，但很快又拒绝了。因为这把壶是他爷爷留下的，他们祖孙三代打铁时都喝这把壶里的水，他们的汗也都来自这把壶。

壶虽没卖，但商人走后，老铁匠有生以来第一次失眠了。这把壶他用了近60年，从来不知道这竟然是一件古董，而且价值10万元，他一时接受不了。让他感觉不舒服的还有一些事情：以前他躺在椅子上喝水，都是闭着眼睛把壶放在小桌上，现在他总要不时地坐起来看一眼。而且，一些人知道了他有一把很值钱的茶壶后，就会像蜜蜂一样涌来，有的问他还有没有其他的宝贝，有的开始向他借钱。他的生活被彻底打乱了，他觉得这把壶简直像是烫手的山芋。

过了一段时间，那位古董商又来了，这次他带来了20万元现金。老铁匠再也坐不住了。他招来左右店铺的人和邻居，拿起一把斧头，当众把那把紫砂壶砸了个粉碎。

老铁匠的生活又恢复了平静，他还是像以前那样卖铁锅、斧头和拴小狗的链子，据说他已经一百多岁了。

古人云："淡泊明志。"就是说要远离名利，恬淡寡欲，保持一种宁静自然的心态，不追求虚妄之事，修养品行，这是一种美好的境界。**现**

代人面临着太多的压力，太多的诱惑，太多的欲望，也有太多的痛苦，只有保持淡泊的心境和清醒的心智，才能以从容的步履走过漫长的岁月。

一位高僧和一位老道，互比道行高低。相约各自入定以后，彼此追寻对方的心，看其究竟隐藏在何处。和尚无论把心安放在花丛中、树梢上、山之巅、水之涯，都被道士的心于刹那间追踪而至。他忽悟因为自己的心有所执著，故被找到，于是便想："我自己现在也不知道心在何处。"也就是进入无我之乡，忘我之境，结果道士的心就追寻不到他了。只有守住内心的淡泊，才能超然忘我，对一切处之泰然。

淡泊明志，宁静致远。当我们处在困窘的处境中，如果还能表现得安之若素，淡泊从容，往往要比气急败坏、声嘶力竭更显其涵养和理智。而且，一旦我们的内心平静下来，不受外界的干扰，我们也就越过登上人生巅峰的最大阻碍，得到自己想要的生活。

开悟箴言

◆做人要有几分淡泊的心态，否则，欲望会让你痛苦不堪。

◆人的一生中兴衰荣辱，得失进退，谁也不能掌控，唯有保持一份淡泊的心胸，才可以在人生的大起大落中安然无恙。

◆《圣经》上说：你出自尘土，必归于尘土。既然如此，我们来到这个世上，不妨做一回大度的主人，不必因计较得失而耽误最美的行程。这样，即使将来归于尘土，也能坦然自若。

贪婪与幸福背道而驰

每个生活在这个世界上的人，都会有实现理想、过好生活的欲望，这本来无可厚非。但如果欲望无限扩大，占据了人的整个心灵，就变成了贪婪。 贪婪的人总是希望自己拥有的多一些、再多一些，从来没有满足的时候，而一个永不知足的人是无法感受到幸福的，人生的沮丧很多时候都是因为得不到想要的东西。我们每天都在奔波劳碌，每天都在幻想填平心里的欲望，但那些欲望却像是反方向的沟壑，你越是想填平，它就向下陷的越深。

我有一位争强好胜的朋友，他对自己要求很高，什么事都希望自己能做到最好。面对来到身边的机会，他一个也不放过。本来，他的工作就很辛苦了，但他还是抽出时间来做了几份兼职，每天都要忙到很晚。到后来，他有了钱，开了自己的公司，做了老板。经过几年的努力，他的公司越做越大。

但是，凡事都是有利有弊的，事业发展的越好，他的压力越大，内心的不安全感越强烈。逐渐地，他发现，拥有的越多并不会让自己越幸福，反而成为压在他身上的沉重负担。很快，"灾难"发生了。由于决策失误，他的公司亏损了一大笔钱，员工不看好公司的前景纷纷离职，正在交往的女友也和他分手……一连串的打击接踵而至。他从未体会过这样的失败，一时接受不了，他甚至想过结束自己的生命。

在面临崩溃之际，他向自己最好的哥们儿求助："如果把公司关掉，我不知道自己还能做什么？"哥们儿想了想回答说："你什么都能做，别忘了，当初我们都是从'零'开始的！"这句话让他恍然大悟，"是啊！自己最初的情况比现在要糟糕得多，现在即使做最坏的打算也不过是回到最初的样子，这又有什么可怕的呢？"念头就这样一转，他又重新乐观起来。他的公司也又接到了两笔很大的业务，扭转了濒临倒闭的境况，起死回生了。

经历了这些事情之后，他体悟到了人生无常的一面，**费尽了力气去强求，即使勉强得到，一旦发生变故留也留不住；反而是一旦放空了，轻松了，却能积聚更大的能量。**他决定与之前的生活做个告别。他每天按时吃饭、像普通员工一样上班下班，尽量减少应酬；他搬离了一百五十平米的大房子，索性住在公司，住在自己办公室旁边一个十平米不到的空间里；他不再参加各种聚会，也不再喜欢锦衣华服，空闲的时候，他就会在自己的小屋子看看书，他还爱上了养鱼。

　　这样过了一段时间，他发现：**人生原来可以这样简单，而一个人真正需要的东西是那么有限，**之前他追求的那些其实都是不必要的附加品，只能为生命徒增无谓的负担而已。

　　罗马政治学家及哲学家塞尼加说："如果你一直觉得不满，那么即使你拥有了整个世界，也会觉得伤心。且让我们记住，即使我们拥有整个世界，我们一天也只能吃三餐，一次也只能睡一张床。即使是一个挖水沟的工人也可如此享受，而且他们可能比洛克菲勒吃得更津津有味，睡得更安稳。"

　　没有人不希望过上丰衣足食、幸福美满的生活，这是可以理解的，但如果这种欲望变成了不正当的欲求，变成了无止境的贪婪，那我们也就无形中成了欲望的奴隶。**欲望会让我们为了那些根本不可能拥有的东西而痛苦不堪，让我们不知不觉忽略了身边许多美好的事物，失去了快乐、希望和本该拥有的幸福。**

　　充满欲望的人常常感觉活得非常累，但是仍不满足，因为在他们看来，很多人比自己的生活得更富足，很多人的权力比自己大。所以他们别无出路，只能硬着头皮往前冲，在无奈中透支着体力和精力。这样的生活，能不累吗？其实，静下心来想一想：有什么目标真的非要实现不可，又有什么东西值得用宝贵的生命去换取呢？所以，让内心的欲望变小一点吧，别让贪念支配你的生活。

快乐与物质无关，与心灵有关

《于丹＜论语＞心得》一书中有一则来自西方的寓言：

有一个国王，他过着锦衣玉食的日子，权力、宝物、美人应有尽有，想要什么都能得到，可他就是不快乐，而且，不快乐极了。为此，他非常苦恼，召御医来看，御医看了半天，给他开了一个方子。说让他的大臣去找一个最快乐的人，然后把他的衬衫拿回来，国王穿上就快乐了。

国王一听，赶紧下命令让大臣们去找。终于，大臣们费了九牛二虎之力，找到了一个快乐的人。但是大臣们在跟国王报告时说："对不起国王，我们无法把他的衬衫拿回来。"国王大怒："为什么不能拿回来？我要快乐，你们必须把他的衬衫给我拿回来。"大臣回答："不是我们不想拿，而是那个特别快乐的人是个穷光蛋，他从来就是光着膀子的，根本没有衬衫……"

国王是全国最富有的人，但是他不快乐，反而那个一无所有的穷人，是最快乐的人。所以说，**快乐与物质无关，而与心灵有关。当然，这并不意味着我们不去追求物质财富、七情六欲，但任何对于物质财富**

和欲望的追求都应该回归到心灵富足的层次才有意义。在我们有了足够的食物、衣服和躲避风雨的住所之后，如果没有更高层次的追求，生活最终也会归于无聊和空虚。

物质并不能给我们带来心灵上的满足，相反，一旦物质过剩，我们反而会觉得空虚。就像酒喝多了会吐，饭吃多了会胀，现代人生活太好，才会得各种富贵病。另外，当物质太多的时候，我们便会在选择中迷失。女人们在满柜子的衣服前左挑右选，不知道穿哪件合适；男人们在满桌的酒菜前左顾右盼，不知道从哪里下筷；孩子们面对琳琅满目的玩具，不知道挑哪一个好；这实在不是令人高兴的事情。我们的生活中不能缺少物质，但在追求物质的同时，更要注重充实心灵，这样才能感受到真正的快乐。

从古至今，有多少人为了追求心灵的富足而放弃了物质的享受，陶渊明就是为了追求"采菊东篱下，悠然见南山"的境界，过起了自给自足的隐居生活。如果没有他的隐逸，我们今天可能也不会欣赏到那些流传千古的优美诗句。生活中，当我们遇到志同道合的朋友，在彼此的交流中获得思想上的共鸣和心灵上的满足，有时候要比获得一笔意外之财更快乐。现代人在物质上获得了空前的富足，但这并没有让我们获得更多的快乐，相反，我们总是感觉到枯燥和烦闷。这是因为我们总是在不断寻求外在的欢乐，追求那充满喧嚣刺激的环境，以满足自己的感官欲望，却忽视了内心世界的富足。

追求心灵的富足有一个标准，那就是如果有一件事让你越做越喜欢，这件事通常就能够引导你获得心灵上的富足。当然，这不包括赌博、吸毒等令人上瘾、无法自控的事情。有人喜欢读书，就是因为读书能让他获得心灵的富足；有人喜欢旅游，也是因为旅游的时候能让他获得心灵的富足；有人喜欢大海，更是因为大海能让他获得心灵的富足。一个人只有怀着淡泊的心境和淡然的灵魂，他才能够体会到心灵富足带来的快乐。

每做一件事情，我们都应该先问问自己，这能让我们得到心灵的满足吗？**心灵的满足不是虚荣心的满足，它是长久的，而虚荣心的满足则是暂时的。心灵的满足是一种发自内心的快乐。**人的任何追求都应该以追求心灵的满足为最终目标，这才是最有意义的。

开悟箴言

◆孔子曰："仁者不忧，智者不惑，勇者不惧。"一个人内心的强大可以化解生命中很多很多遗憾。

◆老天只会给你际遇，并不会给你痛苦或快乐。决定权在你手上，感觉痛苦或快乐是你的事情，是你自己的选择。

◆一个人若总是将人生的愉悦寄托在外界的事务上，依附于世俗的认同上，那么，快乐离他就是相当遥远的。

活在自己心里，而不是别人眼里

戴维斯是法国著名的哲学家，有一天，朋友送给他一件非常高档的睡袍，戴维斯特别喜欢。晚上，他穿着华贵的睡袍在书房踱来踱去，越踱越觉得书房里的摆设跟这高贵的睡袍不搭调，家具破旧不堪，地毯的针脚也粗得吓人。为了配得上睡袍，戴维斯将书房里的物件都换了一遍，一切看起来终于协调了。但戴维斯并没有觉得开心，相反心里却是大大的不舒服，因为他觉得"自己居然被一件睡袍胁迫了"。

著名的哲学家被一件睡袍胁迫，我们中的很多人也经常会被自己内心的贪欲以及外在的成功感胁迫，自尊和虚荣不断膨胀，着了魔一样同别人攀比。谁的房子更宽敞，谁家的车子更气派，谁的女友更漂亮……一切有关的无关的大事小情都会触动我们敏感的神经，为了拥有比别人更好的，我们只好不停地折腾，到头来，也许终于博得了别人羡慕的眼光，但我们的内心真的感觉快乐吗？一旦离开了别人的视线，自己独处的时候会不会感觉到内心的疲惫和空虚？

当你将别人的标准作为自己人生的终极目标的时候，就会陷入物质欲望设下的圈套。它像童话里的红舞鞋，漂亮、妖艳，充满诱惑，一旦穿上，便再也脱不下来。我们必须疯狂地转动舞步，一刻也停不下来。尽管内心充满厌倦和恐惧，脸上还得挂着幸福的微笑。当我们在众人的喝彩声中终于以一个优美的姿势为人生画上句号时，才发觉这一路的风光和掌声竟无法给自己带来自己真正的快乐和幸福。

在那个贫穷的年代，他和她相爱了。那时候，所有的生活物资都要凭票供应，普通人家的生活非常清贫。他的家在城郊的小菜园里，她与媒人第一次去他家，中午男孩留她们在家里吃饭。菜很简单，只有几个荷包蛋和一碗萝卜丝，味道很不错。其中，那几个鸡蛋还是向邻居借的，萝卜则是自己种的。

回去的路上，媒人说："没想到他家这么抠门，这样的人家不嫁也罢，凭着你姣好的容貌，完全可以找到更好的人家。"她却说："我很喜欢他煮的萝卜丝，能把简单的萝卜丝做得这么好吃，说明他是个能干的人。"

两人交往了一段时间之后，男孩又一次邀请女孩来家里，家里正好有前几天捉的几条鲫鱼，男孩就做了一道清炖鲫鱼，又做了一碗红烧萝卜，依然是两道菜。吃饭的时候，女孩称赞男孩的萝卜做得很好吃，男孩说："你喜欢的话，下次我再给你做不同口味的萝卜。"

后来，女孩就吃到了男孩做的各种不同口味的萝卜：清炒萝卜、清炖萝卜、白焖萝卜、糖醋萝卜、麻辣萝卜、萝卜干、酸萝卜等。女孩越来越喜欢吃男孩做的萝卜，再后来，她就嫁给了男孩。

女孩是当地有名的漂亮姑娘，很多人不理解她为什么要嫁给这样一个只会烹饪萝卜的穷小子，因为追求她的人里不乏一些条件很好的人。她回答的很简单："我知道自己想要什么样的生活。"许多年之后，他们都老了，她还是爱吃他做的萝卜，在别人看来，她这辈子很不值，她从不解释也不辩解，因为她明白：**幸福或者不幸福只在自己心里，而不在别人眼里。**

鞋子合不合脚，只有穿的人才知道。而生活是否幸福，也只有身在其中的人才能体会。我们不必为了别人眼中的合不合适，幸不幸福而作出取舍，因为我们生活是为了自己内心的舒适，而不是为了别人眼里的羡慕。

如果我们总是在意别人的言论，不敢做自己喜欢的事，不敢追求自己想爱的人，那生活就只剩下沮丧了。其实没有人真的在乎你在想什么在做什么，不要过高估量自己在他人心中的地位。人生的价值与意义是自己赋予的，其他任何人强加给你的都不是你的人生，而是别人的生活，所以要想知道人生为何，只有问问你自己的心，心之所至，就是你人生的方向，能让你感受到快乐的，就是最适合你的。永远不要用别人的标准要求自己，否则你就像是舞台上的舞者，用一生的时间去演绎别人，这是人生最大的悲哀！

开悟箴言

◆你若生活在别人的眼神里，就会迷失在自己的心路上。

◆没有一幅画是不被别人评价的，没有一个人是不被别人议论的。如果只看别人的脸色，生活是没法正常继续下去的，还是按照自己的想法生活才更实际。

◆人生在世短短几十载，计较来计较去，其实亏得还是自己。我们应该学着让自己开心、快乐，放开了去做自己，别太较真。

别让小事破坏了生活的乐趣

人生就像是在观赏风景，如果你总是看到那些小的碎石和脏乱之处，就领略不到大的壮观和优美。生活中也是如此，**如果你总是拘泥于小处，计较那些不值一提的小事，烦忧就会占据你的内心，让你迷失了最初的方向，丢了情趣也失去了快乐。**

朋友刚刚生了宝宝，那天遇到她，本想问她感觉怎么样，谁知道，她先开了话匣子："真是烦死了，每天都有那么多琐碎的事情要做。早晨起来先要给孩子穿衣服，喂孩子吃奶，吃完饭后玩一会儿孩子就要困了，好不容易把他哄睡，我就要抓紧时间收拾屋子、洗衣服。往往这些事情还没做完，孩子就醒了，要给他换尿布，带他晒太阳。下午，趁着孩子午睡的时间，我还要继续上午没做完的事，有时间的话才可以休息一会儿。晚上如果孩子睡得早，我还可以抓紧时间上会儿网，看看新闻。我在十点之前是一定要上床睡觉的，因为夜里还要起来好几次给孩子喂奶、换尿布……很多时候我忙得连洗漱的时间都没有，更没精力做自己喜欢的事情。唉，这种生活真不知道什么时候才能结束！"朋友重重地叹了口气。

"有了宝宝，生活的确会变得比较忙乱。但是，所有人不都是这样过来的吗？而且，每天守在宝宝身边，看着他一点一滴的成长，你不觉得很幸福吗？"我问。

"嗯，当然也会有开心的时候，特别是看到宝宝又学会了一些新的东西。"接着她就跟我绘声绘色地描述宝宝的一些可爱动作。

"你看，这不是很好吗？谁的生活中都会有一些烦乱的事情，但是你不要把目光只放在那上面，想想那些快乐的时光，就会感觉生活变得有意思起来了。"我说。

"你说的对，我应该好好享受和宝宝在一起的时光。"她点点头，笑了。

很多时候，让我们感觉不快乐的其实都是一些琐碎的小事。两千多年前，雅典政治家伯利克里曾经说过这样一句忠言："我们太多地纠缠于一些小事了！"这句话对今天的人们来说仍然值得品味和借鉴。因为对于我们一般人来说，**生活就是由无数的小事组成的，在每个人的生活中，小事都是无处不在、无时不有的，如果你过多地拘泥、计较小事，那么触目所及的必然都是矛盾和冲突，人生就根本没有什么乐趣可言了。**

想一想，你挤公共汽车时，有人不小心踩了你的脚；或者你去买菜时，有人无意间弄脏了你的裙子；有时走在路上，说不定从路旁楼上落下一个纸团，打在你头上……此时此刻，如果你不是大事化小、小事化了，而是口出污言秽语，大发雷霆之怒，说不定会惹出什么祸事来。

琐碎的日常生活中，每天都会有很多事情发生，如果你把这些看得太重，不停地抱怨、不断地自责，无法释怀，你的心境就会越来越差。一个只知道计较的人，注定会活在迷离混沌的状态中，看不见头顶亮着的一片明朗的天空。

有时候，人生就是这样，如果你能保持心境的淡然，任何事都无法影响你。若你思虑太多计较太多，便会感觉生命纷繁复杂，失去了做人的乐趣。所以，我们要学会控制自己的心境，跟家人和朋友一起，享受淡然的生活，追逐自然的幸福。

开悟箴言

◆人生在世，能够健健康康的活着的时间太少太少，在这短暂的时间里，我们又何须计太多。

◆这个世界很简单，复杂的只是人心而已。人心其实也不复杂，只要别构思过度就行。简单才是真实，平淡才能恒久。

◆世界比我们想象的要简单，不要总是人为地给它徒添累赘。告别思虑，简单做人，就是对这个世界、对自己最大的贡献。

欲速则不达，罗马无法一天建成

欲速则不达，语出《论语》。孔子的徒弟子夏曾在某地做地方首长，他来向孔子问政，孔子回答"无欲速，无见小利。欲速则不达，见小利则大事不成。"意思就是：为政要有远大的眼光，不要急功近利，不要想很快就能拿成果来表现，也不要为一些小利益花费太多心力，要顾全到大局。也就是说，一味主观地求急图快，就违背了客观规律，后果只能是欲速则不达。一个人只有摆脱了速成心理，踏踏实实地努力，走好每一步，才能达成自己的目的。

古语有云："不积跬步，无以至千里。千里之行，始于足下。"这也是在告诉我们，做任何事情都不是一蹴而就的，欲速则不达，急于求成会导致最终的失败。因此，**无论做人做事我们都应该守一颗淡泊之心，注重过程中的沉淀与积累。厚积薄发才会水到渠成，达成自己的目标。**罗马不是一日建成的，许多事业都必须有一个痛苦挣扎、奋斗的过程，而这也是将我们锻炼得坚强，使我们不断成长的过程。

宫本武藏和柳生幼寿郎是日本历史上有名的剑客，柳生是宫本的徒弟，他们的武艺都很高强。

据说，柳生当时急于成为一流的剑客，所以在他第一次去见宫本时，就问道："师傅，根据我现在的条件，你认为我要练剑多久，才能成为一流的剑客？"

宫本回答说："大概要十年吧！"

柳生想：十年太长了，我不想花这么长时间．于是就对师傅说："如果我加倍努力练剑，多久可以成为一流的剑客？"

师傅答："那需要二十年。"

柳生很纳闷，为什么越努力用的时间却越长呢？但他还不死心，继续问师傅："如果我晚上不睡觉，夜以继日地练剑，多久才能成为一流的剑客呢？"

这时候，宫本已经不耐烦了，回答说："那你这辈子就不可能成为一流的剑客了！"

柳生觉得很疑惑，师傅这是什么逻辑，于是奇怪地问："为什么我越努力，越不能成为一流的剑客呢？"

宫本告诉他：："你现在两只眼睛都盯在'一流的剑客'这块金字招牌上，哪里有时间好好看看自己呢？成为一流剑客的首要条件，就是'永远保留一只眼睛好好看自己'。"

柳生听罢，茅塞顿开。后来，他跟随师傅勤学苦练，终于成为唯一一名能与师傅齐名的剑客。

为什么柳生对成功越渴望，达到成功所用的时间就越长呢？这是因为这种追求速成的心理会使他心浮气躁，一心只想着怎样获得成功，却忽略了积累的过程。而**成功并非突发的或者偶然的，实际上，每一次大的成功，都是很多不被注意的、小阶段的成长所积累的结果。**

遗憾的是，在当今这个浮躁的社会，很多人只是紧紧盯着结果，却不了解为了达到这个结果应该付出怎样的努力。他们好高骛远、眼高手低，他们所向往的成功也如空中楼阁，没有坚实的基础，根本无法实现。**追求速成就如拔苗助长，生命失去了根基，最后只有枯萎而死。**

贝多芬写《合唱交响曲》用了 39 年的时间，最终将无数次的灵感串联成了旷世佳作。如果他也急不可待地希望完成作品，一个小时做完曲子，我们还能听见他震动心弦的《欢乐颂》吗？

越王勾践为了灭吴受了多年的凌辱，尝了多年的苦胆。他从来没有草率地为报一箭之仇而出兵吴国，而是用平和、坚定的心对内不断提升自己，对外等待最佳时机。

成功的道路要一步一步走，远大目标的实现要靠不断地努力去实现。俗话说："种瓜得瓜，种豆得豆。"只有你脚踏实地去做每一件事情，你付出多少，才会得到多少回报。相反，急于求成、好高骛远只能使你眼光空茫、不切实际，在无意中失去改变命运的机遇。只有淡然平和的心态才是成功的前奏。一针一线细心缝制的帆，才能安全地将我们送到成功的彼岸。用焦急与功利心打造出船，只能将我们埋葬在失败的深渊。

开悟箴言

◆宁详毋略，宁近毋远，宁下毋高，宁拙毋巧。

◆只有脚踏实地走好每一步，才能夯牢根基，在奋斗途中留下坚实的脚印，一步步走向成功。

◆只有淡然平和的心态才是成功的前奏。一针一线细心缝制的帆，才能安全地将我们送到成功的彼岸。用焦急与功利心打造出船，只能将我们埋葬在失败的深渊。

名利如浮云，放下自逍遥

所谓"天下熙熙，皆为利来；天下攘攘，皆为利往"，人生在世，无论富贵贫贱，无论处境如何，总有机会和名利打交道。据说，乾隆帝下江南时，曾来到江苏镇江的金山寺，看到山脚下大江东去，百舸争流，不禁兴致大发，随口问一个老和尚："你在这里住了几十年，可知道每天来来往往多少船只？"老和尚回答说："我只看到两只，一只为名，一只为利。"一语道破天机。世人都为名利所累，但从古至今，能够淡泊名利的人真是少之又少，反倒是追名逐利的人越来越多。

我们经常羡慕那些名利双收的人，并将之称为"成功"。殊不知，盛名之下是一颗活得很累的心，唯有远离名利的烈焰，我们才能活出真正的自我，让生命逍遥自在，这样的人生才更有意义。世界名著《飘》

的作者玛格丽特·米切尔也说过："直到你失去了名誉以后，你才会知道这玩意儿有多累赘，才会知道真正的自由是什么。"

看过这样的小故事：有位商人看到一个渔夫抓了一些鱼，就与渔夫攀谈起来，问他多久能抓这些鱼。渔夫回答，很快就可以抓到这些。

商人有点不理解："那你为什么不待久一些，多抓一些鱼呢？"

渔夫说："这些就足够我们一家人生活所需了啊。"

商人又问："那你剩下的时间都做什么？"

渔夫回答："我呀？我每天睡到自然醒，出海抓几条鱼，回来后跟孩子们玩一玩，再睡个午觉，黄昏时晃到村子里喝点小酒，跟朋友们玩玩吉他，我的日子可过得充实又忙碌呢！

商人对他的做法嗤之以鼻，他说："像你这样，什么时候才能成为富人？让我来给你安排安排吧。你每天多花一些时间去抓鱼，然后攒钱买一条大点的船。等有了大船你就可以抓更多的鱼，再买更多渔船，这样你就可以拥有一个船队。到时候你就不用把鱼卖给鱼贩了，而是直接卖给加工厂，或者你自己开一家食品工厂。等赚够了钱，你就可以搬到大城市去，在那里发展自己的企业。"

渔夫问："这要花多少时间呢？"

商人回答："十五到二十年。"

渔夫问："然后呢？"

商人笑着说："等钱赚到足够多的时候，你就可以退休，享受一下美好的生活啦。你可以搬到海边的小渔村去住，每天睡到自然醒，出海随便抓几条鱼，跟孩子们玩一玩，再跟老婆睡个午觉，黄昏时，晃到村子里喝点小酒，和朋友们玩玩吉他！"

渔夫不解地问道："那么先生，你认为我现在在干什么呢？"

渔夫是最懂得生活的真谛，他没有盲目地把自己投入到紧张的生活中，而是过着悠闲安宁的生活，不用追名逐利，也没有什么压力，是发自心灵的简单、朴实，实在令人向往啊！

我们一生中真正需要的东西很少，但想要的东西却过于繁多杂乱。

这无形中就为自己增加了很多压力和困惑，使原本简单的生活变得无比复杂，而我们的内心也会因为追逐太多的名与利而疲惫不堪。其实，名与利都是身外之物，世间最重要的是发自内心的快乐。所以，**若想活得潇洒自在，要想过得幸福快乐，就必须学会不争名不夺利，安闲自在，泰然自若，这样才能感受到生活的美好**。否则，太看重名利，并因此而烦闷劳累，让生命白白葬送在名利的烈焰之中，那就太不值得了。

开悟箴言

◆生活轻松快乐与生活劳累烦闷的感觉，大半是由自己营造出来的。

◆人来到这个世上，并非为了受苦受累，寻找生活的乐趣和人生的幸福才是人类永恒的追求。

◆如果你能够心存简单，不迷失在自己制造的种种需求中，那么你就能够远离混乱、狂热、复杂的生活，更轻松、更实在地享受人生。

第十章
最美的时光，就是今天
——不恋过去，不念未来，珍惜当前好时光

> 生活不会永远一帆风顺，正因为如此，我们的生活才有滋有味，绚丽多彩。在跌宕起伏中保持一颗平常心很重要，不以物喜，不以己悲，宠辱不惊，去留无意，在平淡中给自己一份力量，在喧闹中给自己一份宁静。

只看你所有的，不看你没有的

她是一个很穷苦的女人，小时候，家里兄妹十人，她是最年长的，要帮助家里干活挣工分，还要照看弟妹。长大后，她嫁了一个老实巴交的男人，生了两个儿子两个女儿，辛辛苦苦地把孩子们都拉扯大，成了家，她刚想轻松一下，谁知，二儿媳得了尿毒症，治病要花一大笔钱，下面还有两个孩子需要抚养。她只好又挑起了生活的重担，领了手工活在家里没日没夜的做，攒钱给二儿媳治病。

在她快 60 岁的时候，二儿媳的病已经好了，她又接到了大女儿和女婿因车祸双双身亡的噩耗。人生最难过的事莫过于白发人送黑发人，这突如其来的打击差点让她垮掉，血压骤然升到 210，整个人一下子像

是老了十岁。但她还是强忍着伤痛，将大女儿家的两个女儿接过来抚养，直到她们先后出嫁。

她从来不会说什么有哲理的话，但她的话里都有着最质朴的道理。她说："人要知足，不能总是跟别人比，我看着儿子、孙子、外孙他们过得不错，我就很高兴了。"她现在已经七十多岁了，依然快人快语、精神矍铄。

例子中提到的人就是我的大姨，这些都是她的真实经历。母亲经常说，她最敬佩的人就是大姨，大姨是最懂得生活真谛的人，她从来不羡慕别人，也绝不会攀比，她只是守着自己所拥有的一切，踏实生活。

其实，上天对每个人都是公平的，是你的终归是你的，不是你的也强求不来，只要能够珍惜自己所有的，人生就会很快乐了，何必还要苦苦追求那些本不属于自己的东西呢？若能做到"身外物，不奢恋"，遇事才能想得开，放得下，活得轻松，过得自在。

《伊索寓言》中有这样一则故事：一个男孩和爷爷到树林里去捕野鸡，爷爷教给男孩一种方法，把一个箱子用木棍支起来，再拿一根绳子系在木棍上，一直拉到他们隐藏的灌木丛中。箱子下面撒上玉米粒，野鸡如果去吃玉米粒，他们只要一拉绳子，野鸡就会被扣在箱子下面。

把箱子支好，他们就找地方藏了起来，过了一会儿就有一群野鸡飞了过来，共有九只。大概饿得很久了，不一会儿就有六只野鸡走到了箱子下面。男孩正要拉绳子，可转念一想，还是再等一等吧，那三只可能也会进去的。可是，过了一会，有三只野鸡已经吃饱走了出来，那三只也没进去。孙子后悔了，他决定：再有一只走进去就拉绳子。这时，又有两只走了出来。如果这时拉绳，还能套住一只。但孙子对失去的好运不甘心，心想着还会有些野鸡要回去的，所以迟迟没有拉绳。结果，他一只野鸡也没有捕到。

只看你所有的，也许这就是最好的。总是贪婪地想得到更多的人就像那个捕鸟的男孩，最后连自己所拥有的也失去了。

其实，每个人都拥有很多，只是我们自己没有注意到。试着想想那些人生中美好的事物，比如健康的身体、明亮的眼睛、关心你的父母、疼惜你的爱人或者听话的孩子，甚至是一部好的电影、一本触动心灵的书、一个值得期待的约会……这些可能都是你拥有的，但是你从来没有在意过，但如果有一天失去它们，你的生活会怎样？闲来无事的时候，你可以把自己拥有的美好事物都写下来，然后在头脑里设想这些如果都被剥夺了，会对你的生活产生什么影响。等你充分体会了那种失落空虚的感觉，再一件一件地将这些还给自己，这时，你一定会惊讶地发现自己会对它们更加珍惜。

你所拥有的都是上天对你的恩赐，至于那些你没有的，它们多数只是你对生活的苛求，即使没有，也不会有太多遗憾。因此，不要为自己没有的悲伤而活，要为自己拥有的欢喜而活。一个什么都想得到的人，结果可能什么都得不到，甚至连自己拥有的也会失去。而那些平淡对待自己生活的人，则可能得到意外的惊喜。

开悟箴言

◆ "一个人生活上的快乐，应该来自尽可能少的对外来事物的依赖。"

◆ "如果你一直觉得不满，那么即使你拥有了整个世界，也会觉得伤心。"

◆ 这个世界物欲太无穷，而人生却太有限。一个人要想贪占天下所有的东西，灾难就要来临了。一个人要顺其自然地、平淡地看待物质的享受，得之无喜色，失之无悔色。

幸福其实近在咫尺

幸福是人们终生都在追求的东西，但幸福究竟在哪里，很多人穷尽一生都找不到答案。其实最真的生活、最大的幸福，常常就在我们身边，而大多数人都不自知。

有个年轻人，他非常向往幸福的生活，于是踏上了寻找幸福的旅程。他的心情很急切，根本顾不上欣赏旅程中优美的景色，也来不及和过往的行人说一句话。有人问他为何行色匆匆，他飞快地向前跑着，头也不回地说了一句："我在寻找幸福啊。"

转眼间，二十年过去了，年轻人已经变成了四十多岁的中年人，但他依然疾驰在寻找幸福的路上。又有一个人拦住了他，问他在忙什么，他还是急匆匆地回答："我在寻找幸福啊。"

又过了二十年，年轻人已经是六十多岁的老头子了，他面色憔悴，身体也大不如前，但还是执著地寻找着幸福。又有人问："老爷子，你还在寻找幸福吗？""是啊。"他颤颤巍巍地回答，同时不经意地向后看了一眼。

只这一眼，他就惊呆了，然后流下泪来，原来他看到幸福就在身边，而他却没有发现，还花费了一生的时间去寻找。

生活中，你有没有这样的经历：围巾本来就围在脖子里，却到处去找；钥匙明明就是手里，却还四顾环视；钱包是自己放在口袋里的，却还以为放在别处……**我们总是会犯这样的错误：眼睛只盯着远方，以为远方才有我们要找的东西，却忽略了离自己最近的地方。直到有一天猛然回头，才发现幸福原来就在自己身边，就在此时此地，就在日复一日的单调劳作中，就在一日三餐的清茶淡饭中。**

有位朋友前不久结婚了，但令大家意外的是，新娘并非他过去的女朋友，而是天天与他以哥们儿相称，还热情地给他当"红娘"，看起来大大咧咧、疯疯癫癫的一个女孩。在婚礼的新人致辞环节，朋友认真地说："以前我们是"哥们儿"，我几乎忽略了她的性别，更不会想到自己会爱上她。我还傻傻地寻找自己生命中的另一半，但找来找去，却发现那个让我四处追寻的人其实一直就在身边。她比谁都了解我、信任我，不管发生什么事，她都与我站在一起，不离不弃。我知道，她就是那个对的人。"

人们往往抱怨自己不幸福，这并非他们真的缺少幸福，而是幸福离得太近，以至于被忽略。其实，幸福就在我们身边。身体健康是幸福、合家欢乐是幸福、平平安安也是幸福。别人香车豪宅是幸福，谁又能说你踩着自行车住着小平房不是怡然自得的幸福？别人金钱美女是幸福，谁又能说你简简单单陪伴着爱妻不是幸福呢？别人高官厚禄是幸福，你一介平民照样其乐融融……

卢梭说过"真正的幸福之源就在我们自身，对于一个善于理解幸福的人，旁人无论如何也不能使他真正潦倒。"其实，幸福一直在伴随着我们，只不过很多时候，我们身处幸福的山中，在远近高低的不同角度看到的总是别人的幸福风景，往往没有细心感受自己所拥有的幸福天地。如果人生是一次长途旅行，那么，只顾盲目地寻找终点在何处，将要失去多少沿途的风景啊？

开悟箴言

◆不必羡慕别人的美丽花园，因为你也有自己的乐土。

◆以自己的方式活着，坚持自己坚持的，珍惜自己拥有的，静静地等待，幸福就会来敲门。

◆幸福的感觉随满足程度而递减，与人的心境、心态密切相关。一个人若总是感觉不到幸福，那就是自己的最大悲哀。

与其羡慕别人，不如做好自己

我们总是不由自主地去羡慕别人拥有的东西，羡慕别人的工作，羡慕朋友买的新房，羡慕别人的车子等，唯独忽视了一点，我们自己也可能是别人羡慕的对象。

人就是这样，总希望能过上别人的生活。有的人常常幻想有一天一觉醒来，自己就会成为某某人一样的人。可能是因为我们深知自己人生的缺憾，才会拿那些我们认为比较完美的人生来作比较。

其实，没有谁的世界和生活是十全十美的，那些我们羡慕的人同时也在承受着他们的不如意，正所谓家家有本难念的经。人虚荣的本性使他们把自己风光的一面展示给人，但又有谁能真正看到别人风光背后的艰辛呢？很多时候，得到的就是承担的，每件事都像硬币一样有两面，有正面就有负面。

羡慕别人是因为我们期待完美，期望可以活得更好，可是我们却忽视了一点，每个人的处境都不同，别人永远无法模仿。所以，真的不必去羡慕别人。守住自己所拥有的，想清楚自己真正想要的，我们才会真正快乐！

看看下面这个寓言故事：

这一天，小猪觉得太无聊了。他嘟囔着"真烦，总该有什么好玩的事情吧，我去找找看！"于是，他小跑着出去了。

跑到路边，小猪看到长颈鹿在吃树梢上的叶子，他一个劲地盯着人家瞧，"我敢说，做长颈鹿一定很刺激！"小猪想到了一个绝妙的主意！

小猪跑回去做了一对高跷，然后踩着高跷散步去了。

路上，小猪遇到了大象："嗨，"小猪和大象打招呼，"我是一只了不起的长颈鹿，我可以看到很远的地方！"

"你不是长颈鹿"大象大笑着说："你是一只踩着高跷摇摇晃晃的小

猪，你最好小心一点！"小猪气呼呼地走开了，可是没走多远……

砰！"哦，天哪！"小猪一边掸着灰，一边感叹："看来长颈鹿不适合我，我要去寻找更刺激的探险！"还没走出两步，小猪又想到了一个好主意！他在自己的鼻子上绑上了一个长长的管子，在耳朵上绑上了两片大树叶，他跺跺脚，又出门了！"嗨"，小猪和袋鼠打招呼，"我是一只了不起的大象，我会用鼻子喷水！"

"你不是大象！"袋鼠大笑着说"你是一只插了塑料管子的小猪！"小猪刚想争辩，突然…………

阿一嚏一他打了个大大的喷嚏，把塑料管子喷飞了！"嗯"小猪哼哼着，"当大象一点都不好玩，不过，当袋鼠一定很有趣！"他马上又想到了一个好主意！

小猪在自己的脚上绑上了两根大弹簧，然后他踩着弹簧，一蹦一跳的出门去了。

小猪和鹦鹉打着招呼，"嗨，我是一只了不起的袋鼠，我能跳得跟房子一样高！"

"你不是袋鼠，你是绑着弹簧的小猪！再说你跳得也不高。"鹦鹉大笑着说。

小猪气坏了，他拼命地跳了一下，结果……

他被倒挂在树上，他在树上晃啊晃啊，"唉，要是我会飞就好了！"他气喘吁吁地从树上爬下来，不过，这样一来，他又想到了一个奇妙的主意！

他找来贝壳和羽毛，给自己做了一对翅膀和一个大鸟嘴，然后，他背着翅膀出门去了！

"我是一只了不起的鹦鹉，你的眼睛能看多远，我就能飞多远！"他向猴子炫耀着说。

"你不是鹦鹉！"猴子大笑起来："你是一只披着羽毛的猪，猪不会飞！"他真的没飞起来，就像一块大石头一样，一头扎进了泥潭里。

"真倒霉！"他躺在泥潭里吧唧吧唧地拍打着泥巴，"事情都搞砸了，当小猪一点乐趣也没有！"

就在这时，旁边传来一个声音——

"你说什么？当小猪怎么没乐趣了？我就是猪，在泥潭里打滚很好玩呀，你试试吧！"

于是，小猪也跟着滚来滚去……

他滚得越多，身上就越脏，他心里就越快乐！

"太棒了！"小猪高兴得大叫："原来当小猪是最开心的事情呀！"

如果你正在羡慕别人的生活，不如好好体会一下上面这个故事。合适的才是最好的。**许多时候，人们往往对自己拥有的幸福熟视无睹，对别人的幸福却总是羡慕不已。实际上，也许别人的幸福对自己不适合，别人的幸福也许正是自己的坟墓。**这个世界多姿多彩，每个人都有属于自己的生活方式，何必去羡慕别人？快乐做自己，安心享受自己的生活和幸福，才能拥有一个最真实、最圆满的人生。

西方有句谚语说得好：与其抱怨黑暗，不如点燃蜡烛。所以，不要再去羡慕别人如何如何，好好珍惜上天给你的恩典，你会发现，你所拥有的绝对比没有的要多出许多。而缺失的那一部分，虽不可爱，却也是你生命中的一部分，接受且善待它，你的人生就会快乐豁达许多。

开悟箴言

◆我们常常看见别人生活中光鲜的一面，却看不见别人背后的努力。

◆与其仰望别人的幸福，不如注意别人经营幸福的方法；与其羡慕别人的好运气，不如借鉴别人努力的过程。

◆不必去羡慕嫉妒别人。守住自己拥有的，努力做好自己该做的事。该得到的，要付出努力抓到手，不该得到的，想也不要去想。

活在现在，用今天照亮明天

有一天晚上，国王做了一个梦。在梦里，有位智者告诉了他一句话，这句话涵盖了人类的所有智慧，能让人们在得意的时候保持平常心，不会忘乎所以；失意的时候百折不挠，始终保持快乐平和的状态。但是，国王醒来后却怎么也想不起那句话了。于是，他找来最有智慧的几位大臣，向他们描述了那个梦，并要求他们把那句话想出来。国王还拿出来一枚大钻戒，说如果想出来了就把它刻在戒面上，这样他就可以天天看见了。

几天之后，那几位大臣把钻戒送了回来，戒面上刻着那句可以让人永远保持清醒的至理名言："活在当下！"

库里希坡斯曾说："过去与未来并不是'存在'的东西，而是'存在过'和'可能存在'的东西。唯一'存在'的是现在。"经常活在过去或未来，只会让你精疲力竭。你根本改变不了已经发生的，也无法为没发生的烦恼。**只有珍重现在，活在当下，没有过去拖在你后面，也没有未来拉着你往前行时，你的生活才会呈现最完美的状态。因为你全部的能量都集中在这一刻，生命因此具有了巨大的张力。**

但我们很多人却很少给自己活在当下的机会，年少的时候，我们忙于学业；随后，我们巴不得赶快毕业找一份好工作；接着，我们迫不及待地结婚、生孩子；然后，又整天盼望孩子长大，好减轻负担；后来，孩子长大了，我们又恨不得赶快退休；最后，我们真的退休了，也老得几乎连路都走不动了……我们还来不及好好的喘口气，一辈子就这样过去了。我们劳碌了一生，时时刻刻为生命担忧，不停地为未来做准备，计划着以后发生的事，却忘了好好地享受现在。待生命快要结束时，我们回头看看自己走过的路，却感觉有些茫然，原来，我们还有好多想做的事情没有做，我们根本没有时间好好笑过、真正快乐过。

有个小和尚，负责每天早上清扫寺院里的落叶。这实在是一件苦差事，尤其在秋冬之际，每一次起风都会落下很多树叶。小和尚要花费许多时间才能扫完，这让他头痛不已，但也想不出解决的好办法。

后来有个年龄大点的师兄告诉他："你在打扫之前先用力把树上的落叶统统摇下来，这样就不会再有叶子落下来了。"小和尚一听，觉得这是个好办法。于是，第二天他起了个大早，使劲摇树，他以为这样，至少可以休息几天不用扫落叶了。

隔天，小和尚到院子里一看，却傻眼了，院子里如往日一样满地是落叶。这时，老和尚走了过来，对小和尚说："傻孩子，无论你今天怎么用力摇，明天的落叶还是会飘下来。"小和尚终于明白了，世上有很多事是无法提前的，唯有认真地活在当下，才是最真实的人生态度。

我们经常说人要"活在当下"，那么到底什么叫做**"当下"**呢？简**单地说，"当下"指的就是：你现在正在做的事、待的地方、一起工作和生活的人。"活在当下"就是要你把关注的焦点集中在这些人、事、物上，全心全意认真去接纳、品味、投入和体验这一切。**

而事实上，大多数的人都无法专注于"现在"，他们总是若有所想，心不在焉，想着明天、明年甚至下半辈子的事。假若你时时刻刻都将力气耗费在未知的将来，却对眼前的一切视若无睹，你永远也不会得到快乐。一位作家这样说过：**"当你存心去找快乐的时候，往往找不到，唯有让自己活在'现在'，全神贯注于周围的事物，快乐才会不请自来。"**许多人喜欢预支明天的烦恼，想要早一步解决掉明天的麻烦。其实，明天如果有烦恼，你今天是无法解决的，每一天都有每一天的事情要做，先把今天的事情做好才是最重要的。

生活中总有一些时刻，需要我们飞奔着赶往下一个目标——工作、约会、爱人、家——我们匆匆忙忙地向前冲，对眼下的事情完全不在意。当回顾从前时，生活都变成了模糊的影像，就像坐在飞驰的汽车里看窗外，什么都看不清楚，不管是眼下的、未来的还是过去的。所以，请记住女诗人伊丽莎白·巴蕾特·勃朗宁的名言："用今天照亮明天"。认真地活在当下，好好享受当下，这比什么都重要。

开悟箴言

◆昨天已经过去，而明天还没有来到，今天才是真实的。

◆今天心，今日事和现在人，才是实实在在的。当然，过去的经验要总结，未来的风险要预防，这才是智慧的。

◆许多人喜欢预支明天的烦恼，想要早一步解决明天的麻烦。其实，明天如果有烦恼，你今天是无法解决的，每一天都有每一天的人生功课要交，努力做好今天的功课再说吧！

听从内心的声音，为自己而活

在我们的一生中，有多少时候是完全听从自己的内心，为自己而活的？小时候，我们听父母的；上学后，我们听老师的；工作后，我们要听上司的；年老后，我们又要听儿女的……**我们总是觉得生活很累很辛苦，就是因为我们受到别人太多的影响，而没有完全听从自己的内心，为自己而活。**

有个老人留了一尺多长的白胡子，每个人都夸他的胡子好看，老人很是得意。一天，老人在门口散步，邻居家的小孩好奇地问他："老爷爷，您这么长的胡子，晚上睡觉的时候，是把它放在被子里面呢？还是放在被子外面？"

听到小孩这么一问，老人一下子愣住了，他还真没想过这个问题，也没注意过。晚上躺在床上，老人突然想起白天小孩子的问话。自己也很纳闷，自己睡觉的时候，胡子是放在被子里面还是外面呢？他先把胡子放在被子的外面，感觉很不舒服；他又把胡子拿到被子里面，也有一种说不来的别扭。就这样，老人一会儿把胡子拿出来，一会儿又把胡子放进去，折腾了一宿，也没有找到答案。第二天一大早，老人又碰到邻家的那个小男孩，生气地说："都怪你，闹得我昨晚一晚没睡成觉。"

看了这个故事，有人可能觉得很可笑。其实，生活中有很多这样的事情。如果太在乎别人的想法和说法，别人无意间的一句话，一个眼神，一个动作，在你看来都会有着特殊的含义，让你难以释怀。然而，**我们每个人的生命都是有限的，实在不该浪费时间在意别人怎么说怎么想。别人的评价和看法固然重要，但将之当做一面镜子，有则改之，无则加勉就足够了。完全不必因此而患得患失，迷失了自我。**因为，人生是我们自己的，别人的建议只是基于旁观者的角度，不一定正确。我们当然要听取别人的建议，但仅仅作为参考就足够了，不要让这些外来的意见淹没了我们内在的心声。

人首先要学会做自己，才能把命运掌握在自己手中。如果你放弃了主动权，事事都要听从别人，时刻被人掌控着，你就会过着没有成就感且毫无目标的生活，更不会享受到生活真正的快乐。

有三个好朋友，他们从小一起长大，却各自有不同的志向。第一个朋友说："我要用我的人生尽可能地去创造价值"第二个朋友说："我要在我的生命中不停地享受。"第三个朋友说："我既要创造生命也要享受生命。"后来，他们都按照自己所说的，开始了不同的人生。

第一个人以奉献和拯救为己任，为许许多多的人作出了贡献，渐渐成了德高望重的人。他的善行被人们广为传颂，他的名字被人们默默敬仰，他离开人间很久之后，人们依然记得他的事迹。但他一生没有建立家庭，也没有妻子儿女，他从未享受过天伦之乐。

第二个人只顾自己享受，为了达到目的他不择手段，甚至无恶不作。后来，他拥有了无数的财富，生活奢华。但他也因作恶太多而受到了应有的惩罚。他的家人也因为争夺财富而反目成仇，他从来没有体会过亲情的温暖。

而第三个人只是平平淡淡地过完了自己的一生。他建立了自己的家庭，过着忙碌而充实的生活。他有一个很爱自己的妻子，还有一双孝顺的儿女，他这一生并不富有也没有享受过太多的奢华，但他觉得非常快乐。

人要为自己而活，才能感受到真正的快乐。不要羡慕别人，更不要去模仿别人，别人的路不一定适合自己，每个人都是这个世界上独一无二的存在，不是任何人的复制品，也不可能重复别人的生活。我们最应该做的，就是听从自己内心的声音，勇敢地去追随自己的心灵和直觉，过自己最想要的生活，其他一切都是次要的。

开悟箴言

◆不要活在别人的目标里，更不要活在别人的生活里。

◆在你有限的时间里，活出自己的人生，这才是成功的人生。

◆别人的成功你可以借鉴，可以学习，但不可以当成人生的全部，我们要努力追求真实的自己。

掬水月在手，淡定自从容

所谓修行，目的就在于修身养性，克制自己的心性。**人只要有欲望就会有理性与感性的争斗，我们每做一件事都要经历这种争斗，只是有时激烈，有时和缓。**内在斗争激烈时，便会心如乱麻，自乱阵脚。此时唯有"快刀斩乱麻"，才能抚平纷扰，看清事情的真相，从容地作出决定。

有个人经过两座山崖间的木桥时，桥突然断了。他并没有马上掉落下去，而是停在了半空中。他害怕极了，惊慌的上下张望，发现下面就是万丈深渊，一旦跌落肯定粉身碎骨。上面则是一架虚无缥缈的天梯，看上去遥不可及。他绝望了，知道自己这下肯定是陷入了绝境，于是放弃了生还的希望，落入深渊。谁知，那架天梯却慢慢地下降下降，很快就到了那个人刚才停留的地方。原来，这不过是天神的障眼法，刚才只要他伸出手去就可以够到，他就可以得救了。可是，他被恐惧吓得手足无措，错过了这唯一获救的机会。

有一首歌中唱道："曾经在幽幽暗暗反反复复中追问，才知道平平淡淡从从容容才是真。"**人生就是如此，如果自乱阵脚，便会真的陷入绝境。而在从容淡定中，却可以成就不同的生命。**有句佛语叫掬水月在手。天上的月亮太高，凡尘的力量难以企及，但只要开启智慧，掬一捧水，月亮美丽的脸就会笑在掌心。

中国古代的一位君王，在接见新来的臣子时，总是故意叫他们在外面等待，迟迟不予理睬，再偷偷看这些人的表现，对那些悠然自得、毫无焦躁之容的臣子委以重任。古罗马也有位皇帝，常常派人观察那些第二天就要被送上竞技场与猛兽空手搏斗的死刑犯，仔细观察他们酷刑前的一夜有怎样的表现，对于那些在惶恐中安枕沉睡且面不改色的人，通常会在第二天早上悄悄释放，并将其训练成带兵打仗的猛将。

一个人的胸怀、气度、风范可以从细微之处表现出来。或许，古罗马的那位皇帝以及中国的那位君王之所以对死囚和新臣另眼相看，便是因为他们从那些人细微的动作中看到了那份处变不惊、遇事不乱的从容。

从容让你在车马喧嚣之中多了一分理性，在名利劳形之中多了一分清醒，在奔波挣扎中多了一分尊严，在困顿坎坷中多了一分主动。从容是一种处世泰然的态度，一种宠辱不惊；从容是以一颗平常心接受着现实的凝重、琐碎、磨难甚至屈辱。

所以，面对任何世俗纷扰时都不要自乱阵脚。很多时候，你欠缺的可能只是一份从容与淡定。

宠辱不惊，笑看风云

"宠辱不惊"这个词来源于一个真实故事。唐代宗时期，有个叫卢承庆的官员，他官任考功员外郎，主要负责下级官员的考核。他为人公正，办事负责，因而受到广泛的赞誉。

一次，卢承庆给一个监督运粮的官员进行考核，由于此人在运粮食的过程中，发生了翻船事故，把不少粮食掉进了河里。因此，卢承庆只给他评了一个中下。谁知，那位受到惩处的官员知道后，一点也没生气着急，反而谈笑自若，该怎么着就怎么着。后来，卢承庆想："粮船翻沉，不是他个人的责任，也不是他个人能力可以挽救的，评为'中下'可能不合适。"于是就改为"中中"等级，并且通知了本人。那位官员依然没有发表意见，既不说一句虚伪的感激的话，也没有什么激动的神色。卢承庆见他这般，非常欣赏，脱口赞道："好，宠辱不惊，难得难得！"于是又把他的考核成绩改为"中上"。这样，"宠辱不惊"这个成语便流传到了今天。

宠，是为得意；辱，则为失意。古今中外，无论是官场、商场，抑或情场，都仿佛人生的剧场，将得意与失意、荣宠与羞辱演绎得一清二楚。诸葛亮有一句名言："势利之交，难以经远。士之相知，温不增华，寒不改弃，贯四时而不衰，历坦险而益固"，就是在鞭策我们**要看淡荣辱而保持道义，得意之时不会欣喜若狂，失意之时也不垂头丧气，无论面对何种境地总能泰然处之，保持一颗平常心。**

有一段大诗人苏东坡的故事，讲的是他在江北瓜州地方任职时，经常和江南金山寺的住持佛印禅师谈禅论道。一天，苏东坡觉得自己修持有得，特地写了一首诗，让书童过江去送给佛印禅师，诗云："稽首天中天，毫光照大千；八风吹不动，端坐紫金莲。"八风是指人生所遇到的"嗔、讥、毁、誉、利、衰、苦、乐"八种境界，因其能侵扰人心情绪，故称之为风。

佛印禅师从书童手中接着之后，拿笔批了两个字，就叫书童带回去。苏东坡以为禅师一定会赞赏自己修行参禅的境界，急忙打开禅师的批示，一看，只见上面写着两个字："放屁"。不禁无名火起，于是马上乘船过江找禅师理论。船快到金山寺时，佛印禅师就早已站在江边等待了，苏东坡一见禅师就气呼呼地说："禅师！我们是至交道友，我的诗、我的修行，你不赞赏也就罢了，怎可骂人呢？"禅师若无其事地说："骂你什么呀？"苏东坡把诗上批的"放屁"两字拿给禅师看。禅师呵呵大笑说："言说八风吹不动，为何一屁打过江？"苏东坡闻言惭愧不已，不得不承认自己修为不够。

《菜根谭》里说："宠辱不惊，闲看庭前花开花落；去留无意，漫随天外云卷云舒。"为人能视宠辱如花开花落般的平常，才能"不惊"；做事能视成败如云卷云舒般变幻，才能"无意"。只有做到了看淡成败，宠辱不惊方能心态平和，恬然自得，方能达观进取，笑看风云。

一些浅薄之人，一旦得势便得意忘形，实在令人可叹可悲，其实这又何必？生活在浩瀚的天地之中，人不过是来去无由的尘埃，根本微不足道。而**所谓的宠辱，更多时候是心灵对外界的错误感应。如果太在乎加于身上的荣辱，实际上只是一种自我陶醉和自我折磨。还有一些**

人，生活不够顺畅便怨天尤人，这又何必呢？就像爬山，跌倒了，腿还在，山还在，重新起步即可。只是，我们心中经常想着的应该是自己奋斗的目的和自身价值的实现，而非目的与价值实现后的炫耀。

　　荣宠不过百年，毁辱安能永久？学会平心静气地面对荣辱，实在是人生的最高境界。

开悟箴言

　　◆能真正做到宠辱不惊的人，必有宽阔的胸襟和高超的智慧。

　　◆宠辱不惊，平平淡淡的四个字，包含了多少海底波涛的宁静，多少峰顶云高的淡泊！

　　◆宠辱不惊，是一种历尽繁华之后的恬淡，是一种笑看人生风云变幻的洒脱，同时也是一种遇事镇静沉着的稳健和气度。只有在成长中经历岁月的洗礼，才能达到这一人生境界。

若能一切随他去，便是世间自在人

　　有这样一个小故事：

　　三伏天，禅院的草地枯黄了一大片。"快撒点草种子吧！好难看哪！"小和尚说。

　　师父挥挥手："随时！"

　　中秋，师父买了一包草籽，叫小和尚去播种。

　　秋风起，草籽边撒、边飘。"不好了！好多种子都被吹飞了。"小和尚喊。

　　"没关系，吹走的多半是空的，撒下去也发不了芽。"师父说："随性！"

撒完种子，跟着就飞来几只小鸟啄食。"要命了！种子都被鸟吃了！"小和尚急得跳脚。"没关系！种子多，吃不完！"师父说："随遇！"

半夜一阵骤雨，小和尚早晨冲进禅房："师父！这下真完了！好多草籽被雨冲走了！"

"冲到哪儿，就在哪儿发芽！"师父说："随缘！"

一个星期过去了。原本光秃的地面，居然长出许多青翠的草苗。一些原来没播种的角落，也泛出了绿意。

小和尚高兴得直拍手。

师父点头："随喜！"

徒弟的心是浮躁的，凡事皆可惊扰；而师傅的心却是自在的，一切随他去。这两种心态的差别，源于两种人的阅历与素质。禅学中讲究人要保持一颗平常心，要看透世间之事，切实把握眼前的一切，实实在在地去过有意义的生活，遇事不可强求。**但人生中有些事总是这样，你越想得到就越得不到，越是追逐就越无法如愿。这时候，痴愚的人往往沉醉其中无法自拔，根本无法保持平常心，而那些智者却明白随缘自适的道理，顺其自然，不去强求不属于自己的东西。**所以，那些痴愚的人总是让生命背负太多，无形之中为自己上了枷锁，而那些智者才是世间真正的自在之人。

据说迪斯尼乐园建成时，迪斯尼先生为园中道路的布局大伤脑筋，所有征集来的设计方案都不尽如人意。迪斯尼先生无计可施，一气之下，他命人把空地都植上草坪后就开始营业。几个星期后，当迪斯尼先生出国考察回来，看到园中几条蜿蜒曲折的小径和所有游乐景点有机地结合在了一起，不觉大喜过望。他忙喊来负责此项工作的杰克，询问这个设计方案是出自哪位建筑大师的手笔。杰克听后哈哈笑道："哪来的大师呀，这些小径都是被游人踩出来的！"

苦苦寻找得不到的方案，却在无意中由游人提供。生命中的许多东西就是这样，那些刻意强求的或许我们终生都得不到，而不曾期待的灿烂往往会在我们的淡泊从容中不期而至。因此，不管面对顺境还是逆境，我们都应当保持"随时"、"随性"、"随喜"的心境，悠闲生活于天地之间，做个自在快乐之人。

人的一生会遇到各种各样的事，如果我们无法学会以平常心看待这一切，就会受到太多外界的干扰，体会不到一刻平静。若能一切随他去，在自己可以掌控的范围内尽力而为，不勉强，不奢求，才是真正的成熟与坦荡。

一切随缘是一种豁达的人生境界，它不是消极的承受，也绝非放弃应有的追求。它只是教我们在这个快节奏的社会里，学会顺其自然，闲亦不慌，忙亦不恼，享受生活中的悠闲宁静，做一个安然自在的人。

开悟箴言

◆有些事情就是奇怪，你越努力渴求的，它越迟迟不来；反而在你要放弃的时候，它又如从天降，给你个惊喜满怀。

◆顺其自然就是遵循自然律，人生律，凡事不强求，不急功近利，不讨价还价，尤其不在名利上孜孜以求，胡乱伸手。

◆不羡慕，不嫉妒，从容、淡定、平和，凡事顺其自然，就能过好属于自己的每一天。